当代 新中式

THE CONTEMPORARY NEO-CHINESE STYLE

以当代设计演绎中式人居

● 深圳视界文化传播有限公司 编

中国林业出版社

China Forestry Publishing House

序 言　PREFACE

追寻本源文化，探索新的情感诉求
PURSUE THE ORIGIN OF CULTURE AND EXPLORE NEW EMOTIONAL APPEAL

自 21 世纪以来，随着中国现代化进程的加快，室内设计行业可谓是日新月异。人们的审美、品味在不断提升，新中式风格的设计作品受到越来越多的关注和喜爱，探寻本源文化成为一种新的情感诉求。

新中式风格一方面适应了现代主流精英群体的审美眼光和生活方式，更保留了传统文化含蓄清雅、端庄大气的东方人文情怀。在空间布局、家具选择、色彩搭配、饰品装饰等方面，都颇有讲究。设计师不仅要对中国传统文化谙熟于心，还要对现代室内设计有独特了解。

新中式设计整体的空间布局讲究对称，以阴阳平衡概念为核心美学观点，但这种对称，不再局限于传统的中式家居格局的中轴对称和四平八稳，褪去传统中式风格的厚重，整体设计更加简洁，整体感觉也更为轻松。

另外，新中式风格还讲究空间层次感。在中国传统文化中，空间的层次感和通透性非常重要，在需要隔绝视线的地方，可以使用中式屏风或窗棂、中式木门、简约化的中式博古架等，使两个空间功能相对独立而又具有层次之美。在空间造型方面，新中式风格多采用简洁硬朗的直线，突显中国文化韵味之余，更具有简练、大气、时尚的特点。而在色彩搭配上和传统风格的中庸不同，会让某一个色系在家居中扮演重要的角色，更加注重个人的喜好。

传统中式风格的家具多以珍贵木材为主，精雕细琢龙、凤、花、鸟等元素图案，做工考究，着意体现东方木构架特有的形式与装饰，沉稳庄重，但由于造价较高，不适合大规模生产；而新中式风格选材更为广泛，可运用壁纸、玻化砖、软包背景墙等现代装饰，再以木线条和实木家具搭配，将传统风韵与现代舒适感完美融合。在配饰上可选用字画、瓷器、古玩、漆器、挂屏、纺织品等，设计手法不限于传统，可运用新的设计语言，如数字化处理、新的印刷技术等，以不同的表现手法实现创新。另外，新中式风格注重手工制作，纯手工的饰品更有个性，更彰显品味。

如果说设计的本质就是解决问题，那么室内设计解决的便是每一个人具体的生活方式。随着科技的发展，人们的生活方式也有所转变，家居智能化的需求大为增加，生活智能化在今天已由梦想变成现实。可以预见，在不远的未来，新的科技成果带来的这种转变会越来越多，而我们的新中式风格设计也要不断创新，使其更符合现代人的需求。

伊派室内设计 创始人兼设计总监
段文娟

The founder and design director of EEEP
Wenjuan Duan

With the development of the process of modernisation in China in the 21st century, the interior design industry changes with each passing day. The appreciation and the people's taste are improved a lot, and people love and pay more attention to the Neo-Chinese style work. Right now exploring the origin of culture becomes a new emotional appeal.

The neo-Chinese style not only fits the aesthetic vision and living ways of mainstream elite groups of people but also preserves the traditional culture with implicative and elegant and Oriental humanistic feelings with dignified. There are many aspects, such as the spatial, the furniture selection, the colour collaboration, the decorations for designers to think about in their design. The designer should not only know better about traditional Chinese Culture but also has a unique understanding of modern interior design.

In the Neo-Chinese design, spatial arrangement focuses on symmetry where the critical point of the aesthetic is the equilibrium between yin and yang. However, this kind of symmetry is not confined to the axial symmetry and lacking in initiative and overcautious which are traditional Chinese home furnishing styles; it takes out the traditional Chinese stately so that the whole design is briefer and it is more relaxed when you see the entire design.

What's more, the Neo-Chinese style focuses on the level sense of space. While, in traditional Chinese style, the level sense of space and the transparency are critical, so designers choose many Chinese style goods, such as Chinese style screen, window lattice, Chinese style wood door or simplified Chinese antique-and-curio shelves to isolate sight so that it brings these two functional areas relatively independent with a level sense of beauty. In space shaping, the Neo-Chinese style uses concise lines to represent the lasting appeal of Chinese culture which gives a brief, dignified and fashion characteristics. However, compared with the traditional style's moderation and colour collection, it may let one of the colour scheme to play a vital role in house furnishing and pay more attention to individuals habits.

In traditional Chinese style, designers may use more preciousness wood as the main elements and use particular patterns such as dragon, phoenix, flowers and birds, the work is in excellent condition and it may present the unique form and decorations of Oriental Wood construction, and give a sense of steady. Because of the high costs, it cannot produce massively. While the Neo-Chinese style has a broader area to select materials, it can use wallpaper, vitrified brick, soft-decoration background wall to decorate, use wood line and real wood furniture to combine the traditional with modern perfectly. You can also choose calligraphy and painting, porcelain, antique, lacquerware, hanging panel and fabrics on ornaments. The design method is not confined to the tradition, and it can use new design language, such as digital processing and new publishing skills to realise the innovation with different methods. What's more, the Neo-Chinese style pays more attention to hand-made because it can represent characteristics and manifest the owner's taste.

If we believe that the nature of design is to solve the problem, the goal of the interior design is to solve everyone's specific lifestyle. With the development of science, people's living style is changing, the need for home automation is increasing, and nowadays, the dream of living smarter comes true. So in the future, we can predict that the new technology results can bring more and more changes, so we have to innovate the style of Neo-Chinese and satisfy modern peoples' needs.

CONTENTS 目录

当　代　新　中　式　————　以　当　代

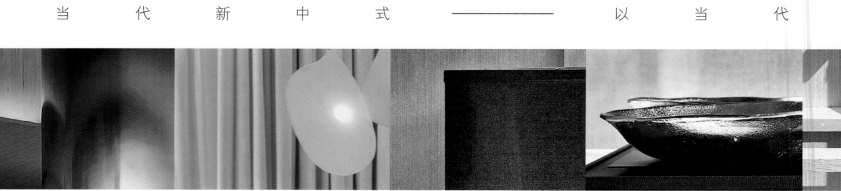

计　演　绎　中　式　人　居

设 计 师 ／ 葛亚曦

指向未来，革新与传承传统设计

POINT TO FUTURE – INNOVATE AND INHERIT TRADITIONA
DESIGN

项目名称 / 杭州绿城西溪云庐二层合院

硬装设计 / 朱周空间设计

软装设计 / LSD 软装事业部 设计六组 & 方案组

项目地点 / 浙江杭州

主要材料 / 金属、绒布、大理石、木纹等

摄影师 / 王厅

扫码查看电子书

设计前言
DESIGN PREFACE

近代中国，由于文化、历史、城市化等原因，在生活方式上已经和原来的历史完成了一个裂变。在最短时间内，这里发生着风格的大激荡、符号表达的大拥挤以及什么才是中国的大哉问。

中国这样的案例，很少在世界其他地方被发现。看似分裂，而对于设计师来说，它恰恰是美学研究的珍贵土壤。它提供了一个很好的打破固有标准的机会，利用设计作为手段，让议题变得更为开放。

在这个项目中，面对一个绝对的传统中式建筑形态，我们有两种选择，要么迎合，要么割裂，回应形式或者回应生活，我们选择了后者。

当我们今天谈室内设计的时候，和唐宋明清的室内装饰，不再是同一个语境。

○● 设计理念

在二层合院，一层承载了家庭起居的基本功能，在从门厅进入客厅的纵向性布局基础上，以地毯线条和吊灯装置阵列分布相呼应，从视觉上，形成了客餐厅和品茶区空间的延伸感。餐厅中加入艺术家何俊艺的作品《仿佛》，提升整个空间的艺术性和当下时代精神。客餐厅打破传统的陈设布局方式，饰品的摆放也不再那么规整，看似随意的布局，增加空间的自由度和个性。

主沙发深绿色绒面布料触感柔和，结合产品本身的形态，营造出舒适放松的家庭氛围。其逃离常规的设计，能融合到任何场景，不落俗套也不露锋芒。餐桌大理石的材料肌理自然袒露，金属材质锋芒毕现，在餐椅柔和的面料中交织冲撞又和谐。

品茶区的茶桌线条直接简约，细节却暗藏心机，桌面鳄鱼皮样木纹全球首创、独具一格，以奢华时尚、暗藏性感的表达来展现与众不同。两侧的座椅不对称分布，契合空间自由随性的气质。

在一层庭院一侧，将建筑最好的阳光和庭院景色留给了长辈居住的空间。长辈房色调平稳舒适，以棉麻、木纹材质构成了空间的主要气质。

二层承载了主人休憩与互动的空间，由主卧、男孩房、亲子互动区组成，以舒适、尺度为诉求点，主卧的床，选用了沉稳的深蓝色绒布，别具一格、安放柔软。同时，边柜和床头柜，以平静却个性的气质对望呼应。

负一层打造成男主人的工作室，诉求功能、爱好与体验，对空间层次合理化调整后，丰富饱满度，功能更完备。大工作台堆砌着书籍、工具、画到一半的图纸、建筑的模型，融合了展示、伏案工作、会议的功能，一切的体验都是"在场"的。

娱乐区与大面书墙是寻找灵感的绝佳场所，同时也承载了商务洽谈的功能，一侧的休息区，来自再造的躺椅则能在工作间隙提供短暂的休憩。空间与空间之间，透过材质的连接，平滑过渡。

　　负二层作为整个居所社交"浓度"最高的空间，设计诉求点是在于令人舒适的自由，取消多余柜体，在社交之外加强展示功能。书吧区域直通负一层的大幅挑空，来自美国20世纪50年代的巨大木船装置和从各地搜罗的艺术画，贯穿了挑空区域，为整个空间定调主题。最顶上一幅蓝色海洋画，从负一层的水平位置望去，仿佛这艘沉睡数十年的老船架，再度回归大海。

一个大命题产生了，什么才是中国？

在对这个命题给出答案之前，我们至少可以回答，什么不是中国。符号和元素，肯定不是中国；不能落在当代的生活，不是真实生活；不能指向未来的传统，不称其为传统。

基于这样的认知体系，我们采取了新的形式组合，来对空间的功能提出诉求，并呼应当代精神与生活价值。

遵循生活本身的自然，雕刻意趣时光

FOLLOW THE LIFE AND CARVE FUN TIME

设计师 / 葛亚曦

项目名称 / 杭州绿城西溪云庐三层合院

硬装设计 / 矩阵纵横

软装设计 / LSD 软装事业部 设计六组 & 方案组

项目地点 / 浙江杭州

项目面积 / 436 m²

主要材料 / 大理石、黄铜、布艺、木质等

摄影师 / 王厅

扫码查看电子书

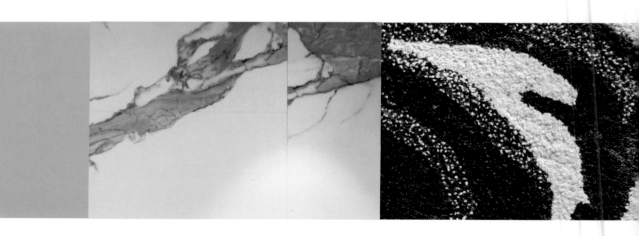

设计理念 DESIGN CONCEPT

一层为客餐起居空间，庭院资源为设计构建的核心。

客厅塑造舒适的空间氛围，家具以舒适为主，释放空间尺度——茶几使用天然大理石与黄铜的结合，这种创新性的大胆尝试彰显了当代人文情怀；天花的吊灯延续了梁体与装饰画的主题，当代触感极强，与餐厅的"静石"装置形成平衡构图；餐厅的天然大理石餐桌是亮点，突出石材本身的质感，走廊尽头的墙面装置"光痕"则与左侧的建筑窗射入的光影遥相呼应。

负一层则是主人个人意趣的体现，是形成空间性格的重要一笔。书架上的每一本书、每一件藏品，都经过了仔细地斟酌挑选，将一个私密的个人趣味载体，转化为一个带着故事和偏好的"人"。

负二层承载家庭互动和社交活动的主要功能，我们根据成员的生活形态规划动线，体现多元诉求和轻松自由的生活。水吧区、品茶区，均提供主人与客人畅谈的休闲空间，盆栽工作室和庭院，则是主人兴趣爱好的展示，并实现室内空间向室外的延伸，配以儿童活动区，自由多元的功能要求得以满足。

二层和三层是属于家人休憩的空间，设计上保证个人空间的安全感和尺度。二层以家庭活动区链接起长辈房和儿童房，长辈房温和而舒适，低饱和的色调，柔和的面料肌理，勾兑出静谧的生活氛围。儿童房包容轻快，在协调整体空间的气质之外，更加跳脱清新。主卧利用空间尺度划分为睡眠区与活动区，强调闲适与舒适感。

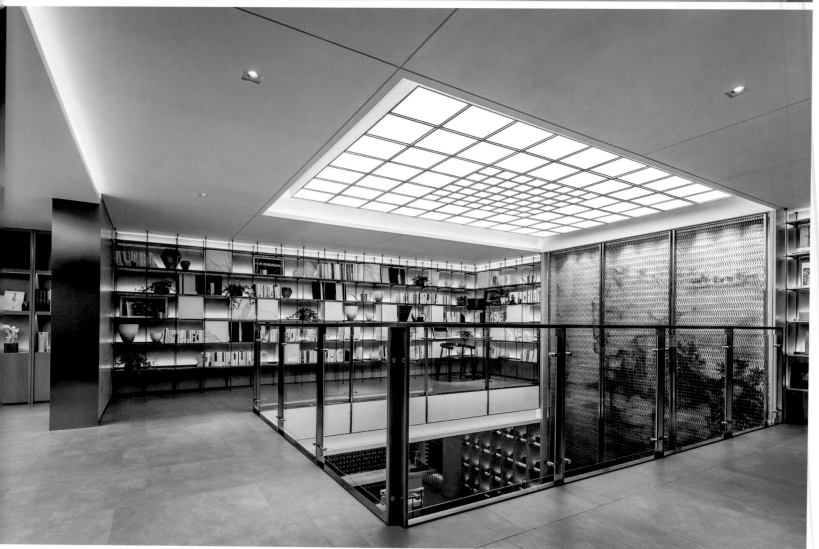

○● 动静空间的区分与融合

一个空间中，动静的区分与融合，是很好玩的事情。

西方叫开放空间和私密空间，中间还有一个叫灰空间；到了中国，也被称为动态空间、静态空间和中和空间。

生活什么时候是静态的，什么时候是动态的，遵循生活本身的自然发生即可。比如有小朋友的地方，那肯定是动态的，自己私密的空间必然是静态的。

而在这些状态之间，一定是有灰空间和过渡空间的，但并不需要刻意安排，因为有生活的正常发生，因此动静也很自然地分离开。

虚竹清风，演绎中国式的雅致

BAMBOO AND REFRESHING BREEZE — DEDUCING
THE CHINESE ELEGANCE

○ 设 计 师／杜文彪

项目名称／观承别墅·大家

设计公司／广州杜文彪装饰设计有限公司

项目地点／北京

项目面积／500 ㎡

主要材料／大理石、木、金属等

扫码查看电子书

设计理念 DESIGN CONCEPT

"在人、物融为一体的瞬间是美好的，万籁俱寂。人是有心的人，物为无心实体，人与物平等互持，又是彼此独立的、自然相处的个体。"

——川端康成

日式美学强调源于万象的生命体验，对造物与自然之物的美感产生同理心。而东方审美则重在"象"与"意"的关系，借景抒情、托物言志，背后是生活方式的传达。设计师将二者的结合为设计出发点，讲述自然与人的故事。

虚竹清风，碧柳绕墙，入口庭院极力演绎闲庭踱步、且听风吟的闲适，强调自然、建筑、人的融合。客餐厅设计也是如此。花与木、墨与绿，这些取自水墨画的元素在设计师简单的手法表达之下，逐渐生成了一派恬静清幽。除此之外，还有光与影。光为一花一木赋予生机，影让空间充满了气韵，与纯白的墙体互衬，自然、亲切。

　　窗外的枝丫钻进雅致宜居的卧房，带着一点时间留下的苍劲，清风徐来，树影婆娑。吹散的几片叶子是墙面最为灵动的装饰，象征自然与生命力。

　　中国式的雅致，重在寻求一种中庸之道，从心所欲，不强求、不奢望。就像家庭厅：鸟向檐上飞，云从窗里出。天窗从一侧高处开出，方便人们抬头仰望，墙壁上的"飞鸟"也仿佛为了顺应这束光而存在一般，用意想不到的视觉感知为体验创造着惊喜。

其实，关于光的运用，在这里还有一处伏笔：当傍晚太阳西下时，阳光透过天窗洒进室内，家庭厅便会出现斑斓的光斑，自由、惬意。此时，一部电影，一杯红酒都让人仿佛置身于水天一色的山水风光中。

起居室演绎了一场碰撞对比的故事。檀红与木色结合，一个庄严肃穆，是最能代表中国的颜色；一个冷静淡然，极具日式物哀美学之要义，二者各取所长不分伯仲的结合，借以表达融合。

中国人素喜梅花，爱它一身傲骨绽放在凛冽寒冬中，所以空间中加入了梅，并使其形象一虚一实的呈现，遥相呼应。如同在漫天白雪留下檀色的印记。寻前人风骨，印拓梅的足迹，是为镌刻在生命里的自然。

卫浴延续这一派自然，大理石与木贯穿始终，沉凝在一片安然闲适之中，聆享静妙和谐的生活意境。衣帽间与卫浴相连，创造出一体化体验，设计师再将光纳入思考范畴，配合精心搭配的金属家具，更显现代与柔和。

古语讲：云月有殊，光影无别。但在设计师看来，对自然光变化的捕捉是丰富空间的脂粉，简单干净的线条因光影的四季变化、月的阴晴变化，云舒云卷而富有层次和生命。

男孩房便是在这一理念下产生的，延续水墨中的意境，跳跃了一抹花青，无再多余赘，极尽清雅之美。

还有花房，东方插花艺术基本精神是"天、地、人"的和谐统一，这是东方特有的自然观念和哲学观念：在有限的空间里展现无限的艺术意境美，并利用光呈现出虚实相生。

抚琴听流水、闲坐观春秋，这是老人房的情景写照，在以黎为主色调的空间中，除了抚琴之雅，更有文化之韵。黎色五行属土，为中正之色。加之空间的造型多取圆形，予以团圆，床头装饰也模拟了雀巢的概念，映射老年人的内心渴望：盼归。

◐● 浅析设计

外在物象和内在情感融合而生成的"情趣的世界"，造就了自然和人的各种情态触发，优美、纤细、雅致等。将这种"感物兴叹"赋以观念化的表述，并最终构成艺术美的极致，就是设计。

项目名称 / 佛山招商·熙园

设计公司 / 聚舍联合设计

项目地点 / 广东佛山

项目面积 / 390 m²

主要材料 / 星河咖大理石、米白麻石花岗岩、夹
丝玻璃、古铜拉丝不锈钢、扣皮等

摄影师 / 李泓龙

扫码查看电子书

寄情于山水，安心于家室

ABANDON ONESELF TO NATURE AND GO BACK HOME

设计师／陆闻

设计理念 DESIGN CONCEPT

国人似乎总有一种山水情怀，于江渚之上驾一叶扁舟，侣鱼虾而友麋鹿，或醉卧青板小憩，枕芍药而眠。也许我们做不到深隐于世，可总有办法在尘世创造一处悠然的安栖之地，与自己好好相处。

此次项目位于广东佛山，设计师以轻描淡写的手法，描绘块面柔化转角，将心中所思所想都倾注于此，打造出一个飘渺灵动又充满韵味的空间，瞬时让人忘却俗世的繁华喧嚣。

挑高的家庭厅布局开阔，未设隔断，以家具排布区分各区域，增强气息流通，以消弭空间界限，打散空间秩序的串联来完成视觉维度的延伸，放眼望去视野开阔，空间井然有序。

此空间广而高，块面间木饰面与扣皮完美结合，用于分隔和柔化转角的不锈钢条避免了颜色的单一，金属色亮片为空间增添一丝灵动性。

此空间的主幅造型无比抢眼，以一个镶嵌在墙内的圆为形，居中藏匿灯带，半虚半实，一边的镜面映射出室内的场景，而另一边则直接透过圆形看到背后的隔墙，用充满粗粝感的暗色米白麻石花岗岩，辅以修饰的凄美花树，绘制出一幅传递苍凉感的画作，与镜中画形成一种强烈对比。

在空间中，设计以东方古典的形式勾勒生活的美学质地，简净的木色，人文情怀浓郁的水墨色，天然的纹理和材质呈现出质感美，整体空间流泻出沉静淡然的气息。黑白交错的地毯，如笔笔洒脱的水墨，让空间氛围更显清逸灵动。

平面图
Floor Plan

| 01 走廊 | 03 家庭厅 | 05 庭院 |
| 02 茶室 | 04 健身房 | 06 茶席 |

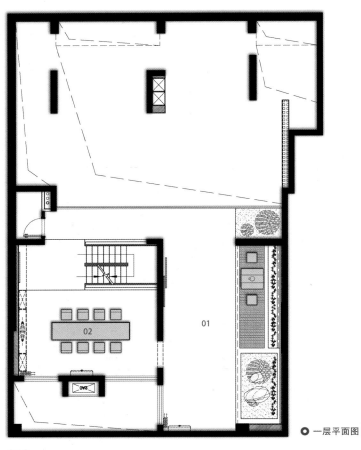

◉ 一层平面图

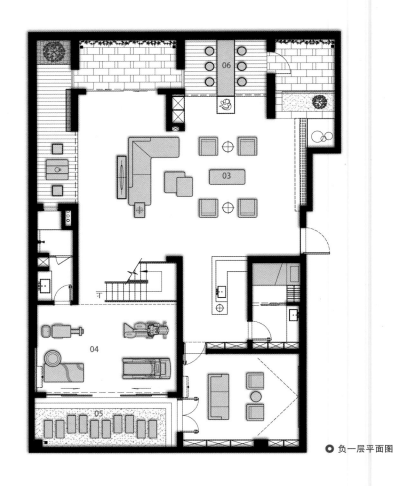

◉ 负一层平面图

○● 设计 · 生活

慢享惬意时光，细品生活意趣。居住场所中，人的感受是最重要的，空间设计要符合屋主的生活状态，同时要为未来的生活创造新的体验感，恰如其分地展现理想生活与现实生活的过渡与承接，让简单生活的生命力变得饱满、生动。

夹层的茶室是一个开放式场所，墙壁镂空的环形设计使茶室与冥想室产生交集，空间变得更加通透。室内氛围以"自然隐喻"，古松苍翠挺拔，使空间和感观都溢出向上生长的力量。

室内空间秉持优雅浅淡的基调，摒弃了繁冗复杂的色调与修饰，以删繁去简的手法将自然引入空间意境。卧室设计亦是如此，以简练的陈设布置私密生活，以布艺为主要用材，尽显亲和温馨。

设计师以人性化的设计思维方式出发，使室内不同空间的格调和秩序互为映衬、各自延伸，借由营造一种设计氛围，体味统一性的美。

一层平面图
1st Floor Plan

01 客厅
02 餐厅
03 主卧
04 主卫
05 次卧 1
06 次卧 2
07 公共卫浴

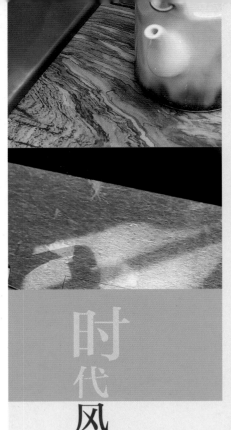

项目名称 / 燕西华府 63# 联排别墅样板间

设计公司 / 上海天鼓装饰设计有限公司

参与设计 / 张宽、潘丽辉、章淼欣、方莎

项目地点 / 北京

项目面积 / 508 m²

摄影师 / 林德建

扫码查看电子书

时代
风尚演绎传统情怀——梦回唐朝

GO BACK TO TANG DYNASTY: TIMES FASHION
DEDUCE TRADITIONAL FEELING

● 设计师／杨俊、黄婷婷

设计理念 DESIGN CONCEPT

本案正是依托唐代美学精神，展现东方雅奢的风尚新中式。作品以唐为骨，贯穿古之礼、乐、射、御、书、数六艺为肌，将中国传统文化与现代生活和精神需求相融于一体。

客厅中正、大气、开敞，家具在空间中的放置分合有致，既可众客以聚，亦可围合小叙，椅榻端庄、案几有序、器物风雅，极具大宅之气。"金络青骢白玉鞍，长鞭紫陌野游盘。"唐马的意象在空间饰物中不断展现，突显壮美之情。

餐厅以团圆喜气的造形与色彩相和。本案开放之时正值国庆中秋佳节，背景之苍山明月与吧台上手工制作的月饼，恰如其分地突显了传统佳节的仪式感。令人倍感亲切，而有礼有节。

"云想衣裳花想容，春风拂槛露华浓。"用瑰丽的色彩渲染出家庭厅的华贵感。

书房于中庭共享空间之中，气势高耸的书架，以简雅之器与古博之书突显了中式人文气息。《新唐书》本传说："唐兴，文章承徐，庾余风，天下祖尚，子昂始变雅正。"陈之昂开创了"风雅""兴寄""风骨"为内涵的美学思想。故书房以山水寄情，音画达意，合六艺之"书"。

改变传统意义上的影音室，与书房联通，以扩展书房的休闲功能。

这里没有厚重的按摩椅，取而代之的是闲情雅趣的围棋坐垫，地毯为山水棋格，坐卧随性。

"苍龙遥逐日，紫燕迥追风"，主卧通过直抒胸臆的画面展现主人之志。马术是主人热爱的运动之一，御马技艺也是恒心与毅力的一种磨练。主卧的色彩通过爱马仕橙的运用更是隐喻了唐风的雅奢，可以戏说："偏爱马的唐人是真正的东方爱马仕。"

●● 设计·文脉

"倚马见雄笔，随身惟宝刀"，可以说是盛唐人的形象写照，能文能武，文气且勇敢，充满阳刚之气和积极性质。盛唐人对社会、对人生充满热情，整个社会体现出来的希望，对他们形成了感召。他们富于雄心壮志，以天下为己任。

盛唐人开放、自由、大度，有一种有容乃大的气度。思想上包容儒释道三家，美学上对六朝汲纳消化，善于对齐梁美学声律、文辞加以吸收和改造，从而形成富有特定色彩和内涵的盛唐文学之美。

在对异族文化的态度上，盛唐人同样表现出宽阔的气派和态度。在洋溢青春热度的盛唐，人的精神亦焕发出青春朝气，人的素质表现出高品位和多才多艺的特征，是向上的、朝前的，而不是衰退、老气横秋。

女儿房以折纸为概念，通过让女孩子安静地学习折纸来培养孩子数学几何及掌握技巧的能力。男孩房以"乐"为主题，一个小小的阁楼，开辟出一个男孩对音乐梦想的天地。当父母培养孩子努力学好某一种技艺时，也许正是他们年轻时的梦想与爱好，所以当孩子拿起吉他弹唱时，父亲可以为他打鼓，母亲为他伴奏，小妹妹也凑上来挥舞起小摇铃，一个家庭乐队就这样成立了。

在本案完成时，我们恰好看到一位年轻妈妈带着稚嫩的小女儿来到这层楼，小女孩就这么轻轻拿起小鼓槌，怯怯地敲着，妈妈坐在旁边的沙发上微笑地倾听，这场景正是我们当初预想的美景啊！

琴棋书画 诗酒花茶

设计师／段文娟

LYRE-PLAYING, CHESS, CALLIGRAPHY AND PAINTING,
POEM, WINES, FLOWERS AND A CUP OF TEA

项目名称／中建水岸联排新中式别墅样板房设计

设计公司／伊派设计

项目地点／湖南株洲

项目面积／432m²

摄影师／叶松

设计理念
DESIGN CONCEPT

本项目为新中式独栋别墅，共有四层。一层主要有客厅、餐厅、厨房等公共空间，负一层则配有会客厅、茶室以及少部分根据业主兴趣而设定的影视厅及摄影工作室，二层主要为小主人设计打造，包括女孩房与男孩房，及供小主人日常活动的起居室；三层分别有主卧套间及书房，根据现代士大夫的精英品味进行中式韵味的铺排，用新的设计语言定义新中式。

　　一层客厅以中式花鸟山水刺绣为主题设计弧形半围合背景，空间完整、丰富，界面关系清晰的同时营造人文气息，整体的色调氛围灵感则源于水墨画黑与白的意境转化。沙发组合间不仅注重与硬装的色彩及图案进行呼应，且各沙发的材质选择也有细微变化，体现空间包容性。蒲扇灯所形成的艺术化装置，贯通客厅纵向空间，使整个空间在视觉上连为一体，更显整体感与空间气场。飞鸟立鹤，林泉流水，空间中动静结合的中式元素，让空间灵动而不喧闹，淡雅而不清寂。餐厅以大理石纹瓷砖进行虚拟分区，与天花板形成区域呼应，更显空间气势，桌椅皆有"圆"元素的融入，象征着团圆、圆满的美好寓意。墙面立体铁艺艺术装置如云中隐逸的存在，抽象化处理让人拥抱无限遐想。

●● 设计聚焦

客厅空间主要用于会客、交流，墙面置物架可用于书籍、艺术品展示，体现空间感；同时在大型客厅空间的中空区域采用金属片蒲扇状艺术装饰吊灯，兼具实用性和装饰功能，作为空间亮点和记忆点，生动而特别；沙发背景融入"福"字元素的博古架，采用手绘山鸟元素的背景硬包，以及体现主人性格的手工插花区展示，共同营造出中式意蕴浓厚而不失雅趣的空间氛围。

负一层平面图
B1 Floor Plan

01 会客厅
02 采光井
03 茶室
04 影视厅
05 摄影工作室
06 佣人房
07 卫生间
08 车库
09 楼梯间
10 造景区

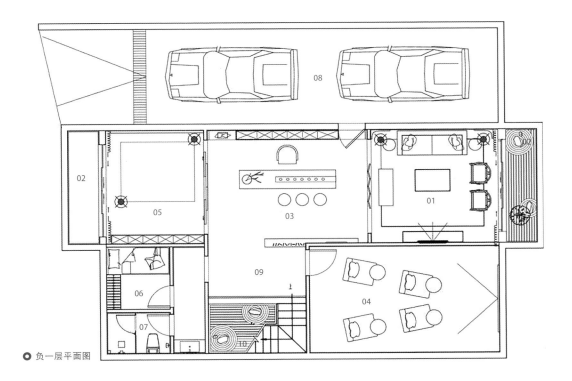

◯ 负一层平面图

一层平面图
1st Floor Plan

◯ 一层平面图

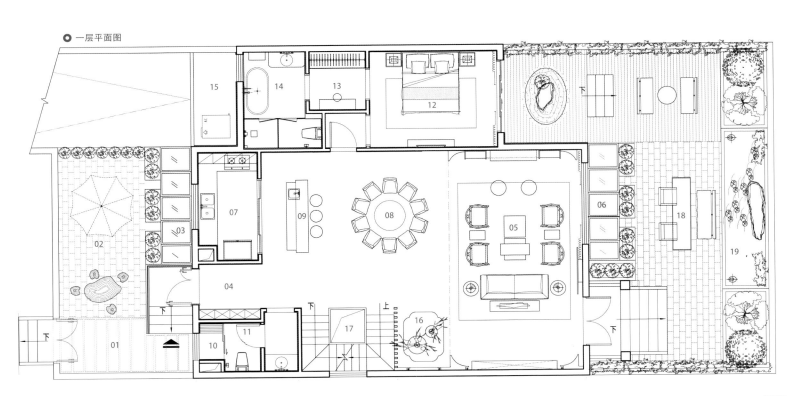

○ 二层平面图

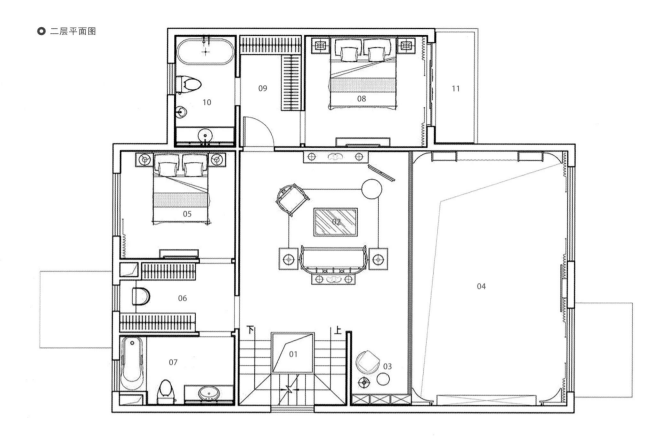

○ 三层平面图

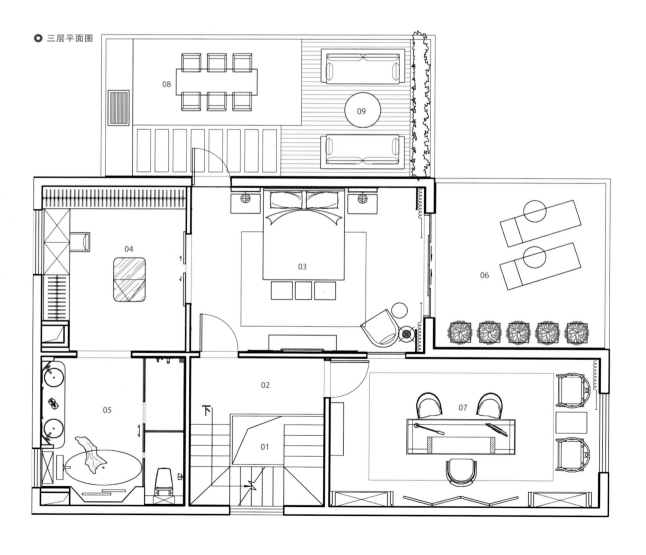

大到一个立面，小到一幅画，设计师皆采用去平面化的设计手法进行空间的变幻，连点于线，集线成面，化面为空间。二楼起居室，通向男孩房和女孩房，专为孩子看书、绘画、下棋而打造，通过电影蒙太奇般的设计手法，让孩子感受东方文化的人文底蕴，对孩子形成耳濡目染的影响。男孩房冷暖两色的平衡使整个空间统一且和谐，温馨而不失活泼，以围棋、音乐元素塑造一个兴趣广泛的小主人空间，趣味性与艺术性相互融合，让空间成为孩子成长中美好回忆的载体。女孩房以可爱的公主粉作为主色调，甜美而梦幻，意在打造一个充满爱与希望的环境，于无声处陶冶孩子的性情。

三层为主卧、书房空间，主卧硬装延续其他空间的设计手法，硬包与金属收边条体现精致感，做到细节丰富而整体视觉简约。区别于传统的"喜庆红"，在这个空间采用的是不同明度、不同材质形成的红，由此划分出空间的不同层次。

"西风一片写清秋，两桨飞随贴水鸥。摇到湘头看湘尾，昭山断处白云飘。"昭山脚下，仰天湖畔，于天然雕琢的自然风光中，打造观山看水的宜居之境，为现代紧张的都市生活，提供一方心灵休憩之所，琴棋书画、诗酒花茶，惬意享受人生八大雅事，不辜负宝贵的闲暇时光。

宁静

雅致的东方印象

THE QUIET AND ELEGANT ORIENTAL IMPRESSION

● 设计师／刘一贤、钟权、刘小艾

项目名称／重庆望江府别墅

设计公司／六艺源设计

项目地点／重庆

主要材料／大理石、玻璃、定制挂画、地毯等

扫码查看电子书

设计理念 DESIGN CONCEPT

意境不单单是意与境简单相加，而是意与境相互和谐，并升至景外之景、象外之象、韵外之致。将意境诉求融汇于现代生活空间内，使环境与自然融会贯通，和谐共生。设计师充分理解当下生活与视野，在当代设计中探寻以独特创意融入东方传统文化，使作品充满中国人文意境，使设计走得更远，同时阐释世界性的设计理念。

"意境是人生理想与美学境界的某种契合，要符合现代国人的内心和审美，是贯通各种元素的浑然一体"，设计师表达道。

令人眼前一亮的是负一层茶室设计，垂直挑高的专属独立空间，成为家庭聚会的快乐场所。家是避开复杂与喧嚣的世外桃源，是心灵得到慰藉的港湾。开敞通透的格局，看似不经意的搭配，临摹出一派闲适自在。茶室空间以木色为主，化繁为简，诗意悠远。

中国传统文化素来崇尚平衡，以稳重、平和、和谐为特征，近而不浮，远而不尽。在望江府别墅的设计当中，设计师从东方文化中汲取设计灵感，在国际化的思潮中，保持原有地域或民族性，重新解读传统与传承。

●● 韵律之美

首入客厅，沉稳的深木色奠定空间基调，自墙面逐渐延伸开来，浅灰色沙发无形之中产生一种视觉张力，由此看去，地毯不缓不急的与之相辅相佐，似水墨晕染，徐徐散开。浮雕立体挂画位于墙面最核心的位置，隐隐浮现古建筑的印迹，历史之感，文人之风顿时浮于眼前，这一隅赋予空间探索的余味。局部摆件和插花讲究节奏感与韵律美，以远近前后的不同类比，凸显空间的层次感与秩序性，激情与优雅并存。

移至餐厅，吊顶与餐桌相对而生，均以圆弧形呈现，一派包容与充满凝聚力的气息自此而生，设计师似有意设之。此时，窗外景色翩然而至，独享惬意舒适。

拾级而上，楼梯间的竖形挂画引人注目，不同空间各有趣味所在，徜徉当中不觉乏味，只增惊喜，细节处可察设计师匠心所在。

主卧位于三层，以金色衬托水墨背景，彰显用色之考究。恰到好处的东方印象便在此显露，宁静惬意，以无声胜有声，彰显不凡审美品味。空间线条简约且有秩序的排布，用色考究，分外雅致。本案软装的呈现，将意境诉求融汇于现代生活空间内，使环境与自然融会贯通，和谐共生。

雅物韵意，清气相宜

○○ 设 计 师 / 陆 闻

USING A SCENERY WINDOW TO TURN THE SEASONS' BEAUTY

INTO THE VIEW OF EYES

项目名称 / 招商依云雍景湾 1802 户型 别墅样板房

设计公司 / 聚舍联合设计

项目地点 / 广东佛山

项目面积 / 800 m²

主要材料 / 榆木拉丝亚面木饰面、雪花白大理石、鱼肚白大理石、
黑色拉丝不锈钢、水墨质玉石、夹丝玻璃等

摄影师 / THR 三三

扫码查看电子书

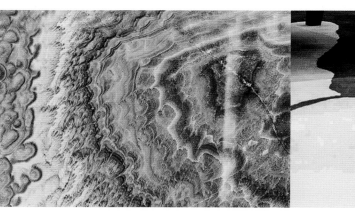
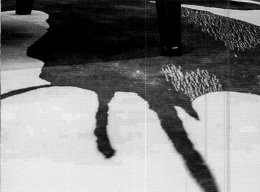

设计理念
DESIGN CONCEPT

设计风格上提取中式文化的精髓，再注入现代生活的气息，通过空间的营造，传递一种低调奢华、简约贵气的美感。馥郁的高雅感烘托着精致的空间，明暗色调在室内和谐共处，其中运用的少许亮色是点睛之笔。

环顾四周，室内的软装搭配相得益彰，电视背景墙水墨质玉石的辉煌感让空间大放异彩，是客厅的视觉焦点所在。设计师将隔墙打断，转换为屏风，巧妙地把客厅与楼梯连接为一个整体，扩大视觉的延伸性，统一性的风格也因这盏屏风引向二层，逐步扩散到所有空间。

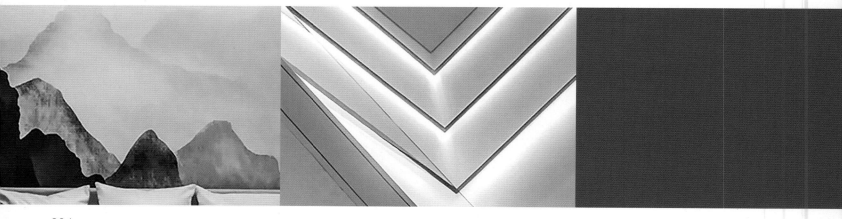

一层平面图
1st Floor Plan

01 门厅

02 客厅   04 厨房

03 餐厅   05 走廊

顶部直射下的灯光增添了墙壁通透空灵的质感，水墨般的地面涤荡在脚下，一步一涟漪。恰到好处的挂画同空间整体色调相辉映，踏上高地的转折处也藏匿美景，如同人生的旅途。

天花九曲回环，充满极简的艺术感，柔和的线条向前延伸，原点重叠上终点，最终也只记得住那暖到心底的柔光。雪花白的大理石与黑色拉丝不锈钢的搭配泾渭分明，白的雪白，黑的深邃，对比鲜明，散发出一种简约干练的现代气息。

有限的留白，无限的创意。在整个空间，人造光、自然光与白无缝融合，凝结成让人停驻的景，艺术与生活共生。

餐厅使用木色桌椅，质感十足。半透明窗纱渗出柔和光线，墙面造型虚实缥缈，折射出的剪影也为白墙添上一抹迷幻色彩。通透的长条走廊，满铺海浪灰大理石，萦萦绕绕，缠缠绵绵。

空间主次相融相合，次第展开。卧室一侧整面的落地窗，光线透过窗纱洒在地板、床铺，轻盈美好。是内心深处所渴望的理想栖居场所。

利用负一层打造地下茶室，布局优化，空间利率最大化。通往茶室的艺术长廊质感十足，满溢现代气息，墙身的挂画也延续了先前的风格，仿若置身艺术殿堂，无论身处哪个空间都伴随着雅气。顶部开天窗，光线倾泻而下，轻松解决地下室常见的采光等问题。

负一层平面图
B1 Floor Plan

01 客厅

02 接待厅　　　　04 茶室

03 艺术长廊　　　　05 车库

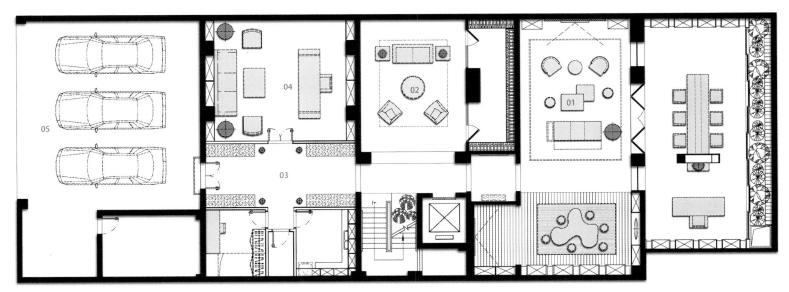

○● 设计·悟禅

静谧幽清，悟禅解意，感受繁华都市内难觅的安宁和历久弥新的气韵，风格上恰如其分地融入现代气息，不突兀、不违和，仿佛天生就该同聚一体。

佛曰："一方一净土，一念一清净。"纷扰都市内体悟禅的意境，空间内外，尽避于喧嚣之外，以古为意，一盏清茶慰一方净土。徘徊在古意与现代之间，静心沉气，品一壶清茶，立一盏红梅，随意中增添几分情趣，洒脱中再添万丈柔情。

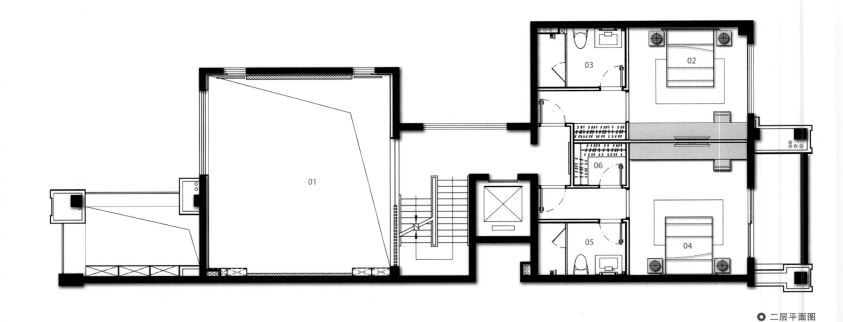

○ 二层平面图

平面图
Floor Plan

01 挑空　　　　05 卫浴 2　　　　09 主卧
02 卧室 1　　　06 衣帽间　　　　10 主卫
03 卫浴 1　　　07 卧室 3　　　　11 书房
04 卧室 2　　　08 卫浴 3　　　　12 卫生间

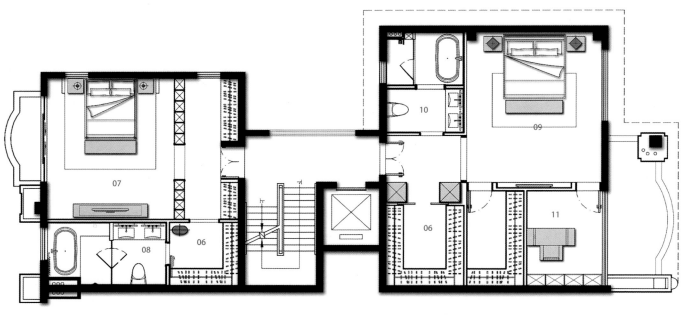

○ 三层平面图

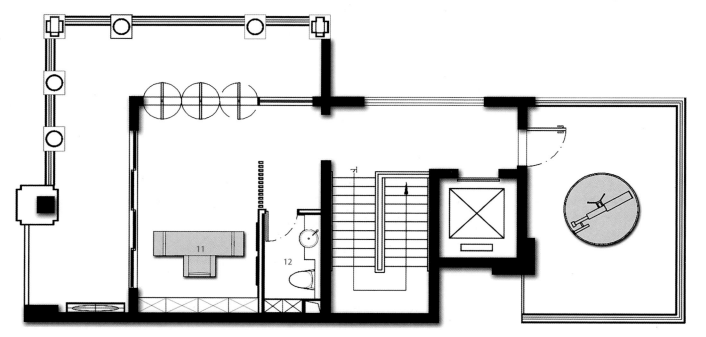

○ 四层平面图

泼墨之间挥洒传统空间意蕴

设 计 师 ／ 曾建龙 、 Gwen

SPRAYING TRADITIONAL SPACE WITH IMPLICATION BETWEEN

SPLASH-INK

项目名称 / 三亚 . 海棠华著 A 户型别墅样板间

设计公司 / 新加坡 FW.GID 国际设计

参与设计 / 王克创、曾丽玉、Jane .W

项目地点 / 海南三亚

项目面积 / 400 m²

摄影师 / 董文凯

扫码查看电子书

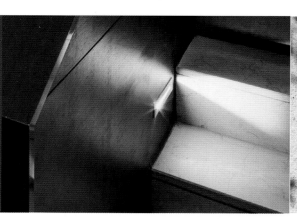 

设计理念 DESIGN CONCEPT

空间以纯粹的黑白灰为主色，墨色的背景墙透过月洞门，宛如远山萦绕，意向深远；引景入室，让室内与室外产生良好的互动，呈现出"顾盼有景，游之不厌"的生动画面。一层会客厅如一幅泼墨画卷，随着空间的穿梭，时光的变化，娓娓道来东方独有的气韵。

空间的开合以移步异景的方式逐渐展开，通过狭长的楼梯间，负一层豁然开朗。家庭休闲厅与开放式餐厅相连，比起一层会客厅的婉约雅致，负一层空间更多了些许生活的气息。虽不繁人工匠事，但应天借景，庭院中的"自然"被收入室内，有生命的流动、时间的更迭，有生态的情愫，更是用东方情怀所特有的审美去梳理人、物、场的连接。

正如《宅经》中所说："以形势为身体，以泉水为血脉，以土地为皮肉，乃上吉。"主卧位于庭院侧边，设计师运用祥云壁纸，营造视觉的聚焦点，融入生活的气息后，"山""水""云"被巧妙安放于这一方小天地，让城市的繁华消隐于闲适之间。

◎ 一层平面图

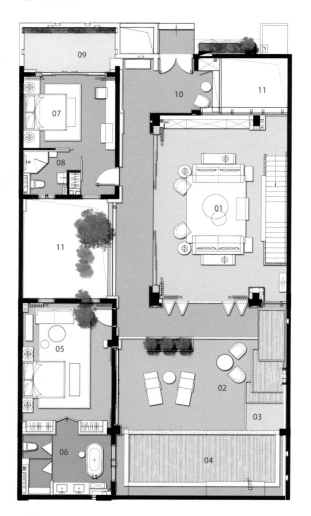

◎ 负一层平面图

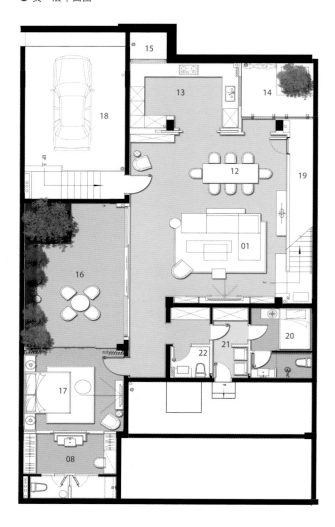

平面图
Plan

01 客厅
02 户外休闲区
03 户外淋浴
04 游泳池
05 主卧
06 主卫
07 儿童房
08 卫生间
09 阳台
10 玄关
11 中空
12 餐厅
13 厨房
14 天井
15 采光井
16 庭院
17 卧室1
18 车库
19 机房
20 工人房
21 洗衣房
22 客卫

闲适雅居，挥洒风韵

LEISURELY AND COMFORTABLE IN HOUSE AND SPRAYING GRACEFUL BEARING

● 设计师／方磊

项目名称 / 中海九唐酌月别墅样板间

软装设计 / One House Design 壹舍设计

视觉陈列 / 李文婷、王丹娜、陈嫚

项目地点 / 浙江宁波

项目面积 / 203 m²

摄影师 / 陈彦铭

扫码查看电子书

设计理念
DESIGN CONCEPT

"城市是一本打开的书，不同的人有不同的读法。"易中天教授在《读城记》开篇如此写道。

诚然，每一个城市都有它独特的魅力。在悠久而现代、传统又蕴含活力的宁波，设计师结合自然环境、人文底蕴、现代审美，赋予空间清透的风韵，以传承与探索的姿态打造别墅空间，诠释出他对宁波的品读与见解。

黑与白，摆设与块面，独立又相融，统一于客厅的空间结构，散发出空阔淡泊的风度。沙发线条利落，结合高低组合形式的茶几，于简约中蕴藏丰富的层序美。地毯纹饰、沙发抱枕以及橙色餐厅座椅形成彼此呼应，点亮空间，生动感跃然而出。饰品摆件恰到好处，插花为空间注入一份明快，寥寥数笔，尽显人文气质。

拥有绝佳采光的客餐厅中，明快的橙色餐椅，唤醒餐厅的活力。青瓷绿植的点缀，营造舒适自然的氛围；精致餐具的有序排列，低调而内涵。一桌一椅，数点墨色，均凝聚着空间的形与神，见证着户外庭院的四季交替。

浅色系统合长辈房，平和静谧，似有古雅雍容的境界，空间上方飘逸的挂画与韵律明晰的柜体为长辈房增添了协调感。紫色、灰色、褐色、黑色、银色，在设计师的巧思布置下丰富而不杂乱，和谐互融。茶具、梅花、风灯粉饰其中，进一步彰显出幽静的生活氛围。

跻入书房，这一隅是阅读、办公最好的场所。书架以虚实结合的体块感呈现，疏密不一，相异的色调在横纵间碰撞交错，演绎灵动随性之美，收纳和展示一举两得，同时丰富了空间机能。

露台即世界，心中有田园。书房与粉墙黛瓦下，凉风拂面，调和一股闲适悠然的度假氛围。

二楼次卧在陈设形式上摒弃了繁冗复杂的技巧，家俬造型以简洁硬朗的线条为主。汽车元素与皮质、金属、石材等碰撞，辅以蓝色系修饰，增添了许多柔和感，让生活跟质感达到完美平衡。

蓝灰色是主卧的基调，映射出生活的从容与志趣。几何元素构成的抽象画作，与不同维度的窗户处以及顶面木百叶、地毯产生对话，共同演绎线条的极致张力。阳光洒入落下斑驳光影，更是如诗如画，而一侧高低错落的金属吊灯一下子荡漾开了空间的随性与暖意。

主卧外露台可远眺青山如黛，亦或落座品茗，挥毫弄墨，俯仰天地之间，物我两相忘，闲逸自在。浴室以呼应主卧的方式，通透且简约。衣帽间功能分区完备，内敛且精致。淡然质朴的装饰，又能让人放松心灵，这一切有效提升使用体验感。

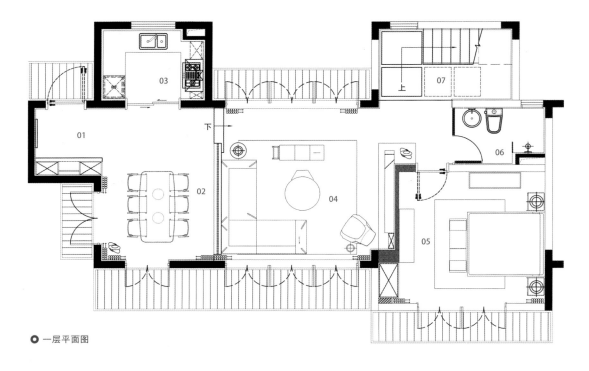

一层平面图
● 一层平面图

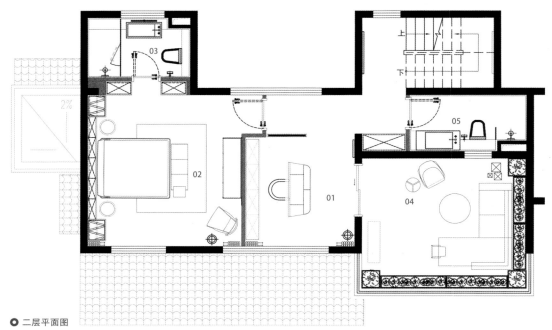

● 二层平面图

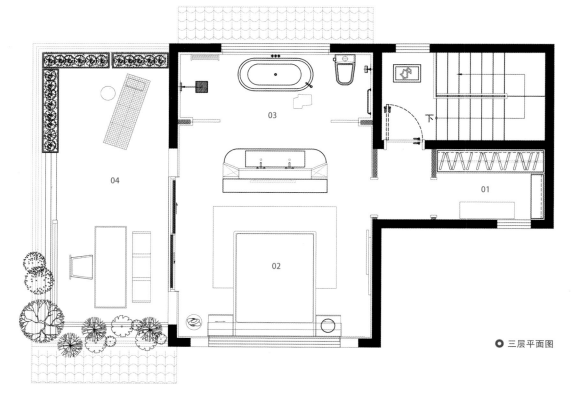

● 三层平面图

○● 设计·自述

设计师方磊指出："在设计中，不仅注重舒适惬意的感官体验，更加思考通过材质与陈设营造出的精神气场。我们通过对空间结构与比例的细致推敲，将东方元素与现代材质巧妙兼糅，借助丰富的色泽、层次的搭配，呈现视觉交织的美感，让每一处都绽放其灵魂。"在这里与现代相遇，和传统重逢，谨慎克制，却又收放自如，对生活的热爱与温暖在考究的细节中不经意自然流露。

简致的空间气魄，如水的人文情怀

设计师／张力

THE SIMPLE SPACE, THE WATERY HUMANISTIC FEELINGS

项目名称／大发·融悦新界「融悦台」

设计公司／飞视设计

参与设计／张有、陈俊、姚金涛

软装设计／赵静、何蕾蕾

项目地点／浙江舟山

项目面积／375 m²

主要材料／古堡灰大理石、萨丁灰大理石、鱼肚白盐板、秋香木木饰面、黑钛不锈钢、皮革硬包等

摄影师／三像摄-张静

扫码查看电子书

设计理念 DESIGN CONCEPT

设计师旨在打造一个舒适、雅致、宁静而高尚的生活空间，用木、大理石、布艺、壁纸等带自然肌理的材质来修饰空间，采用不锈钢、玻璃等材料增加室内现代感。

客厅以现代风格为主，在原有精装石材的基础上，精致细腻的家具款式与装饰摆件两者联系贯穿，色泽饱满，富含生机和活力。个性墙纸搭配稳重而不失华贵的家具摆件，可以轻易地为空间带来摩登的视觉冲击感，为空间注入源源不断的温柔气息，并能减少距离感。金属材质的家具稳定而静谧，注重线条比例的搭配。软装配件以薄荷绿点缀，碰撞出清冽灵动的声音，如润物无声的细雨一般，营造出轻奢雅致之感，为家居生活带来无限舒适与惬意。

主卧的设计，设计师以柔和的色调来缓解居者一天的疲劳与压力，以清雅干净的鱼肚白暖灰色为主，整体色调简单，温润如玉。灰、白、

棕等中性色的过渡与平衡，略带蓝调的色彩，又呈现出别致的宁静意蕴。不同质地的面料与墙布再次强调了当代设计的华美与内涵，结合配色方案彰显谦谦君子般的空间气质。

地下室往往因采光、层高的影响难以塑造出高品质感。在这里，设计师通过整体的空间线条规划、清晰的照明设计为空间创造一个通透的视觉感受，一面瀑布图画的水纹墙更是为空间增加了流动感。

○● 设计·文脉

当代时尚，传承优雅与经典。延续低调沉稳的内敛手法，展现细腻的工艺，不被风格左右的古典和现代相结合，呈现经典与时尚共存的美感。将传统文化脉络置入中庸周正的线条中，通过充满阵列感的铺陈营造出端雅的秩序感。

三层平面图
3rd Floor Plan

01 客厅   06 采光井上空
02 阳台   07 艺术端景
03 排烟井   08 玄关
04 餐厅   09 公卫
05 中厨   10 老人房

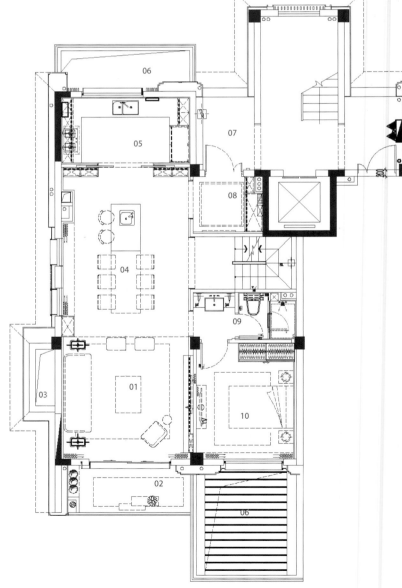

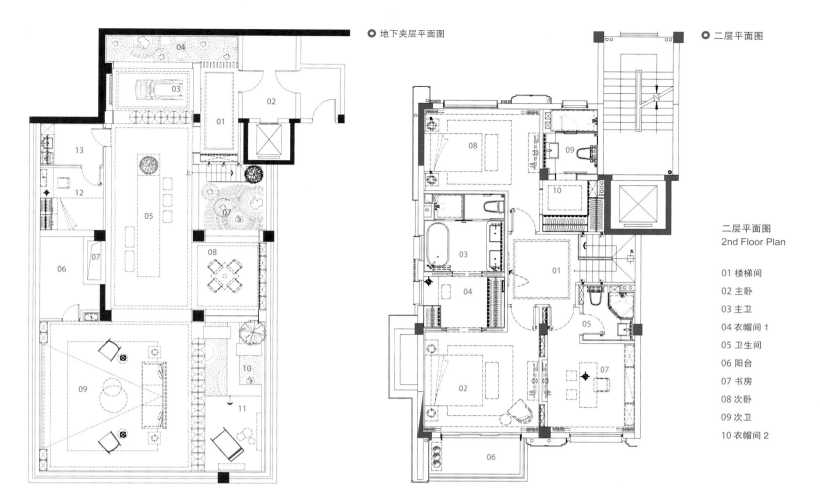

● 地下夹层平面图

● 二层平面图

二层平面图
2nd Floor Plan

01 楼梯间

02 主卧

03 主卫

04 衣帽间 1

05 卫生间

06 阳台

07 书房

08 次卧

09 次卫

10 衣帽间 2

地下夹层平面图
B1 Interlayer Floor Plan

01 门厅	04 景观	07 排烟井		
02 候梯厅	05 茶室	08 棋牌室	10 景观楼梯	12 佣人房
03 健身房	06 储藏室	09 视听区	11 休息区	13 洗衣房

项目名称／华烛帐前明

设计公司／上海岳蒙设计有限公司（济南成象设计）

参与设计／薛树国、孙玫娜、陈枫
俞宏亮、石乙宏、张向龙、李波

项目地点／山东威海

项目面积／553 ㎡

扫码查看电子书

渌水

净素月，山花拂面香

THE CLEAR WATER CLEAN THE MOON AND SMELL THE PEDIMENT FRAGMENT

● 设计师／岳蒙

设计理念 DESIGN CONCEPT

国人似乎总有一种山水情怀，青山佐书，枕水而栖，沧浪赏月，烹露为茶，于江渚之上驾一叶扁舟，侣鱼虾而友麋鹿，似东坡之怡然；醉卧青板小憩，枕芍药花而眠，若渊明之风流。

也许我们做不到深隐于世，可总有办法在尘世创造一处攸然的安栖之地，与自己好好相处。

人们对于居住模式的生态认同自古有之，陆游曾将他的"老学庵"筑于镜湖之畔，开门临水，启窗见山。在这套作品中，我们将山水之意引入室内，以解构主义的手法，将传统的斗拱结构进行拆解和现代化，融入进了室内。

●● 设计·画韵

北宋画家刘寀的《群鱼戏藻图》，深得戏广浮深、相忘于江湖之意。南宋画家马麟的《橘绿图》，一改平涂晕染，直接以笔着色，戳染成形。宋代佚名画家所作的《槐荫消夏图》，脱俗高逸，清新雅致。北宋画家赵昌的《花篮图》，画幅虽小，笔触细腻，一勾一勒，张力十足……历代古画里有国人的审美、国人的气质。我们借意古画的细节，取其灵动优美之意，引入室内景观，与家具细节进行呼应，运用古人智慧，增添些许趣味。

东方古韵，意境之家

ORIENTAL ARCHAIC RHYME——THE HOUSE OF PROSPECT

项目名称 / 沈阳中粮广场样板间·196 户型

设计公司 / 北京纳沃佩思艺术设计有限公司

项目地点 / 辽宁沈阳

项目面积 / 414 m²

摄影师 / 张大齐

扫码查看电子书

设计理念
DESIGN CONCEPT

新中式是通过对传统文化的认知，将现代元素和传统原色结合在一起，以现代人的审美需求打造富有传统韵味的事物，通过与现代潮流的对话碰撞而产生的创新。

传统风韵讲究意境的渲染，本案书房与餐厅意境相互呼应，一虚，一实，似挥毫泼墨，颇有文人墨客的风骚气质，虚实相映间，尽显中国古韵。身处庭院，品一壶香茗，酌一杯清茶，下一盘好棋。清风疏树影，疑似故人来。

休闲区依然延续东方精神的美感，植入中式元素。在此空间，有种素履以往，荏苒时光流水声的古韵。远离世外纷扰，那理不清、道不明的凡尘杂事纷纷尘埃落定。温一盏酿酒，摘一束桂花。于幽静处，倾心布茶，对饮天高云淡。

●● 意境·软装

新中式不是单纯元素的堆砌，而是意与境的结合，在现代与传统的碰撞中，呈现东方神韵之美。客厅大气而开阔，抛去中式的繁冗和深沉，将清新又不失文雅的花纹与中式风格相结合。以对称的设计手法，刻画品味不俗的人文内涵，于情于形，都是对东方精神的体现。餐厅正空悬挂着琉璃灯具，似梦似幻的山川造型挥洒在餐桌，书房的背景缥缈中可见山川。

男孩房以充满动感的墙绘和艺术摆件点缀房间的各个角落，打造一个时尚而有活力、阳光与朝气并存的马术主题空间氛围。同时也满足了孩子在成长中对娱乐的需要。不同于动感的男孩房，女孩房则是用热气球造型的床和吊灯的组合，来充分展现空间的美感。柔美的床品和可爱的毛绒玩具，如梦如幻，好像下一秒热气球就会飞起来。

主卧空间沿用的色调与整个空间相互呼应，精致中带有内涵。每个饰品都展现出房主沉稳的中式情结，每个细节都恰到好处。老人房依然延续了端庄沉稳的东方气质，为长辈创造一个舒适和全然放松的空间。山水元素融入在手绘背景墙和床品等细节里，将和谐的寓意带入居住空间，为生活造景，人类与自然于此交融。

空故纳万境

设 计 师 ／ 杜文彪

EMPTY HOUSE CONTAIN EVERYTHING

项目名称 / 万科翡翠西湖别墅

设计公司 / 广州杜文彪装饰设计有限公司

项目面积 / 360 ㎡

项目地点 / 北京

主要材料 / 原木、大理石、铁艺、黄铜等

扫码查看电子书

设计理念
DESIGN CONCEPT

留白不空，留白不白。

多一分留白，多一分想象。

以无胜有，以少胜多。

所谓"无画处皆成妙境，行得之于形外"。

历经喧嚣纷繁，方知"生活留白，心灵留白"之重。老子《道德经》有云："大音希声，大象无形；天下万物生于有，有生于无。"这种大、无、空，就是留白。

餐厅将山水月色融于一室之内,一抹恬淡寡欲的东方艺术气息。面朝庭院,户外的情致如手卷般舒缓地逐次展现,臆想回到过往的幽静,清风疏树影,疑似故人来!

158

　　客厅在设计中则以留白艺术手法，将清新却不失典雅的原木色与现代元素结合在一起。保留中式对称，以现代人的审美和功能需求打造富有传统韵味的空间。将浅木揉进茶白，再点缀几处翡翠绿，高度和谐的低调里却流露出再三斟酌的精致感。以传统的艺术脉络，通过细节串联了整个视觉空间。

　　生活是舞台，每个人都是舞台上的艺术家。在褪去浮华、洗尽铅尘之时，进入化繁为简的空间，与生活惬意地对话，身心皆是宁静。一缕闲谧，一份情趣，大道自然。脱离一切浮华与不实用，从生活的本真出发，以极简的设计，演绎最本质的当代美学。少了些浮躁，多了份执念与安静。

●● 色彩构建生活

　　"中国式雅致生活"逐渐地进入人们的视野，在喧嚣的社会，能够保持独处和清醒，是一种雅致；明月清风，静听花开，是一种雅致；孤灯一盏，让书香弥漫，是一种雅致。一曲琴音，在岁月中心如止水；一杯清茶，品出半盏人生；笑看风轻云淡，闲听花静鸟喧。让人仿佛置身于湖光山色中，营造出翠屏湖畔的意境，使人倍感心旷神怡。此时一曲古筝缓缓响起，一杯淡茶荡漾齿间，陶渊明之《桃花源记》也不过如是。

　　这种无声胜有声的意韵回响，是超越物质之上的精神共鸣。在这喧嚣匆忙的纷繁世界，给生活留白，给心灵留白。删繁就简，或是最舒适的生活方式之一。在简单、素雅的世界里，身心皆自在宁静，与生活对话的惬意，成为越来越多人所追求的意境。

◐● 自然材质的魅力

在空间材质的处理上，强调回归自然的肌理，每一处细节均以舒适为核心，不用过度地堆砌来体现物欲的价值感。清代著名学者李渔在《闲情偶寄》一书中记载："书房之壁，最宜潇洒，欲其潇洒，切忌油漆。"对于古代仕宦文人来说，书房便是偏一隅的不二之选，是隐于市的绝佳处所。即便仅方丈之室，也能与朋友谈笑风生，"一杯弹一曲，不觉夕阳沉"。

"无事且从闲处乐，有书时向静中观。"得之坦然，失之淡然，亦是一种宁静致远。用静谧的空间阐述出一个故事，让人于闹市中归来也能找到内心的一片宁静，打造出富有生命力与文化内涵的艺术居家空间，看似随意，却又经得起时间推敲。

主卧以线为枢纽，融入东方美学的雅致灵动，用原木的细腻刻画出空间的温润与澄静，运用朦胧美学营造出当代人文雅致。留『白』让空间充满灵动和细腻的品质，而大自然的光，便是这留白空间里最好的画师，随着光线的细微差异，而呈现出不断变化的空间美感。东方美学强调的是顺应自然。『美是绝对的自由，没有意识，没有目的的追求，一切都是自然地发生，自然地消亡，在有形与无形之间，来回游走。卫浴延续了这一派自然之美，大理石与木贯穿始终，沉凝在一片安静闲适之中，聆享静妙和谐的生活意境。

165

◉● 青花与白的碰撞

长辈房则以温润素雅的色调，儒雅舒展的线条展开，再搭配清新自然的色彩。留白的墙壁以青花点缀，展现东方之美。空间以素雅精巧的配饰装点，展现静默淡然，随遇而安的惬意。风暖鸟声碎，日高花影重。一花一鸟一世界，除此之外，自然的光影赋予了生机，影让空间充满了气韵，与留白互衬，自然、亲切。

◉● 莫兰迪色彩

拒绝长大，保留纯真。女儿房运用莫兰迪色彩和新中式的撞击，带来了温柔之美，在安静中跳跃出一抹淡墨，优雅而不失艺术美感。颜色上碰撞出年轻人的欢快时尚之感，静谧而不失跳跃，年轻而充满活力。

◉● 陈设艺术

好的搭配有着质朴清新的美感，让人在当下感悟生命的气息，找回内在的节奏和韵律，即使身在都市，也可悠然见南山。客房的设计以自然、质感的呈现为主要法则。空间材质的处理上，强调回归自然的肌理，令室内装置与材质建构的语汇之间，产生一种与简单、纯粹、共鸣的对话形式，保持空间的干净与舒适。

耐人寻味的东方意境

MEANINGFUL ORIENTAL FEELINGS

设计师 / 宋传波、彭娟

项目名称 / 重庆融创国宾壹号院

设计公司 / 重庆于计装饰工程有限公司

项目地点 / 重庆

项目面积 / 300 m²

主要材料 / 大理石、玻璃、木实面等

摄影师 / 张骑麟

扫码查看电子书

设计理念
DESIGN CONCEPT

宜设而设，精在体宜；删繁去奢，绘事后素；因景互借，移步换景。

用最简洁的方式对空间勾勒出无限的幻想，空间的简单不仅是形式优雅，更多了一层意象之广。踏入空间，细细品味，一切都是生于意外又蕴于象内，更加耐人寻味，将中式的意境之美表达得更加纯粹。

把诗意驻留在空间，交织心灵的缠绵，即便如此，中式的意境之美也只可意会不可言传。在繁杂的世俗中，多留些时间沉淀下来，细品生活的美好。

○● 诗意空间

客厅沙发的一抹"中国红",配上简练的线条和地毯,高贵优雅的姿态悄然呈现。与风月对望、花至半开、茶饮半盏,取其意、演其境、用其韵,不分襁褓与古稀,不分繁冗与岑寂,中式之美便是东方生活的姿态。

静物之美,美在凝固,却处处流溢出岁月的含香。设计师在体现中国元素上,摒弃了中国结、雕花等刻意的表达,而是通过空间的摆设、气味、触觉等来营造中国传统文化的氛围。空间内的挂画流露出中国山水写意的美好意境,在虚实相生的情景之中,活跃着生命律动的韵味,让人体会到中国文人雅士所称的诗意空间,诸如"疏影斜横""暗香浮动"。

邂逅诗意栖居

设计师 / 郑福明

MEET POETRY DWELL BY CHANCE

项目名称 / 中建常德新中式复式别墅样板房设计

软装设计公司 / 深圳市伊派室内设计有限公司

项目地点 / 湖南常德

项目面积 / 250 m²

摄影师 / 大斌摄影

扫码查看电子书

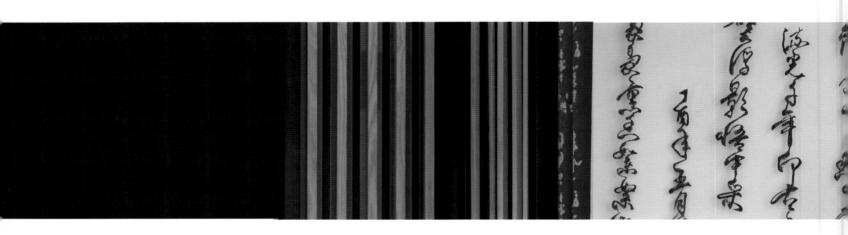

设计理念
DESIGN CONCEPT

"人，诗意地栖居在大地上。"自古以来，文人雅士寄情山水、吟诗作画，即是诗意栖居的体现，他们富于人文雅趣的生活方式，依然是许多现代人心中的追求和向往。

本案软装由伊派设计担纲，设计师运用贯穿整体的典雅稳重的色调，融入古典韵味的中式元素，在传达高档豪华概念的同时，让人切身品味东方独有的传统古韵，并尝试去发掘出设计背后的文化深度。诗意不在远方，而在我们心中，心中有山水，眼前再无寻常事物。

◎● 浓厚的中式氛围

    挑高客厅的装饰柜背板采用红鲤鱼图案，作为整个空间的色彩及主题点缀。家具搭配亮米色带来安静优雅的感觉，配合纤细的几何线条，赋予空间灵活而内敛的特点，达到新中式设计的新体验。整体空间多采用传统对称式的布局方式，以浓厚的文化气息和高雅的生活格调凸显新中式大气、文雅的居室氛围。

○● 诗意栖居

　　餐厅空间摆设简洁的方形大理石餐桌和黑色木质座椅，简练的线条配以红色坐垫，延续现代中式意蕴。"壁间水墨画，为尔拂尘埃。"水墨山水画仿佛和白色大理石墙面融为一体，寥寥几笔，意境全出。一阵清风拂过窗户透明的纱帘，不由令人心旷神怡；空间那一抹盎然绿意，悄然演绎飘逸的浩然气韵。"万个长松覆短墙，碧流深处读书房。"生活闲暇之余，可以徜徉在这片精神家园，抒发雅致诗意，寄托心中情怀。

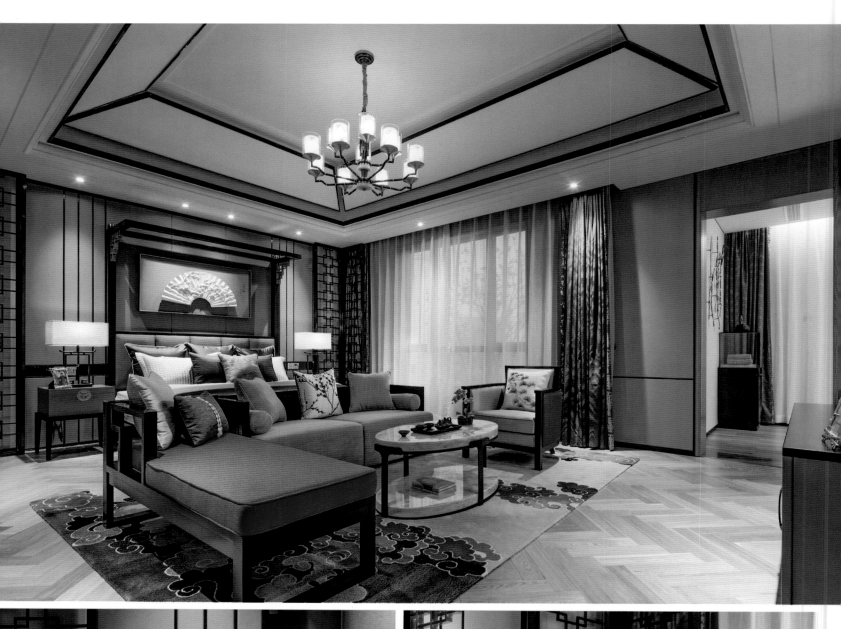

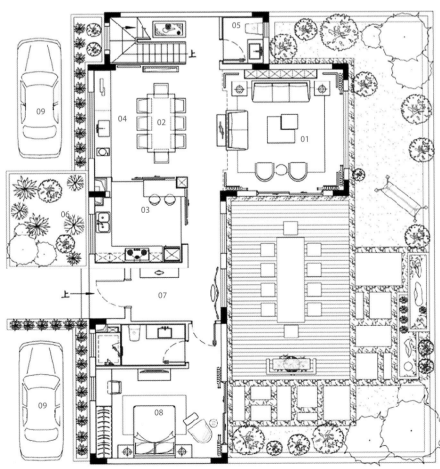

一层平面图
1st Floor Plan

01 客厅
02 餐厅
03 中厨
04 西厨
05 公卫
06 花池
07 玄关
08 父母房
09 室外停车位

○● 色彩·静谧而唯美

在主卧的设计上，设计师延续主题基调，并设有独立的休闲空间。亮米色和朱砂红的搭配，简约而具有沉静的力量。静谧而优雅的朱砂红，能够令人凝神静气，从容心安。朱砂红，有着高贵的血统、深邃的气质，自古以来，被万千世人宠爱。然而，它最吸引人的，不仅仅在于高贵的气质，还有那份从容典雅的姿态。

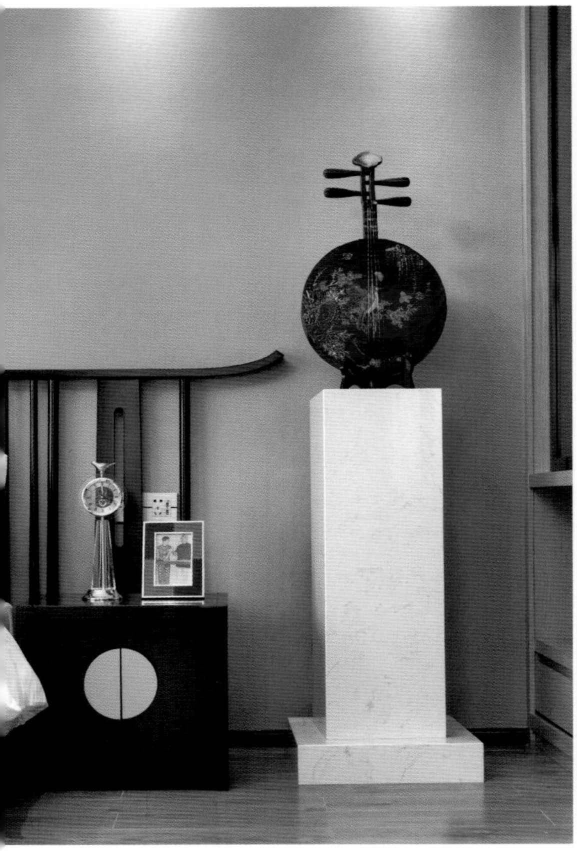

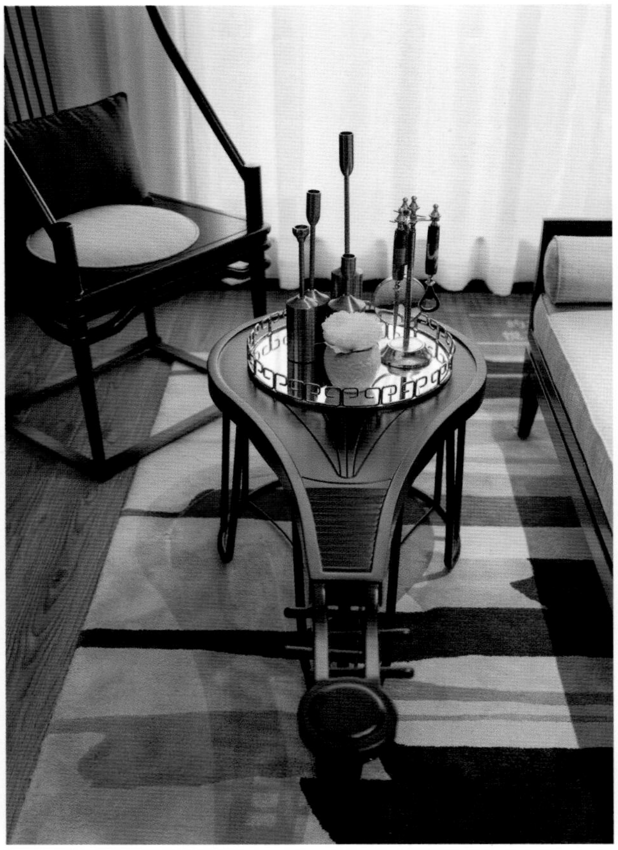

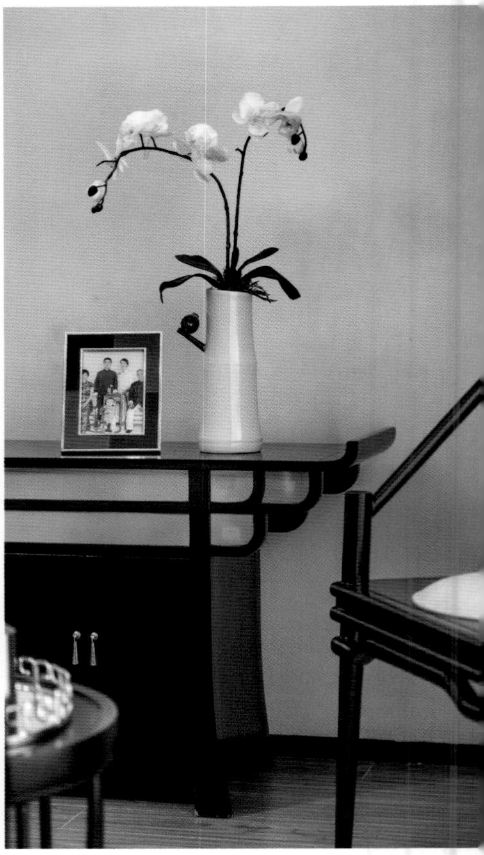

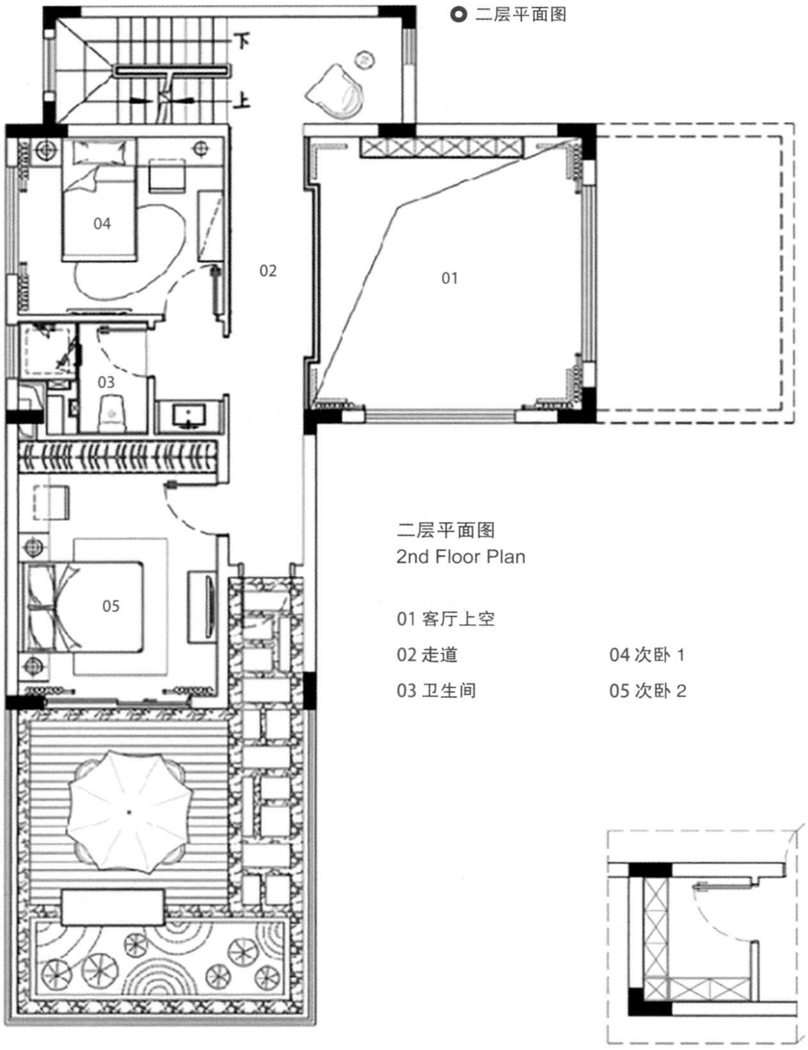

二层平面图
2nd Floor Plan

01 客厅上空
02 走道
03 卫生间
04 次卧 1
05 次卧 2

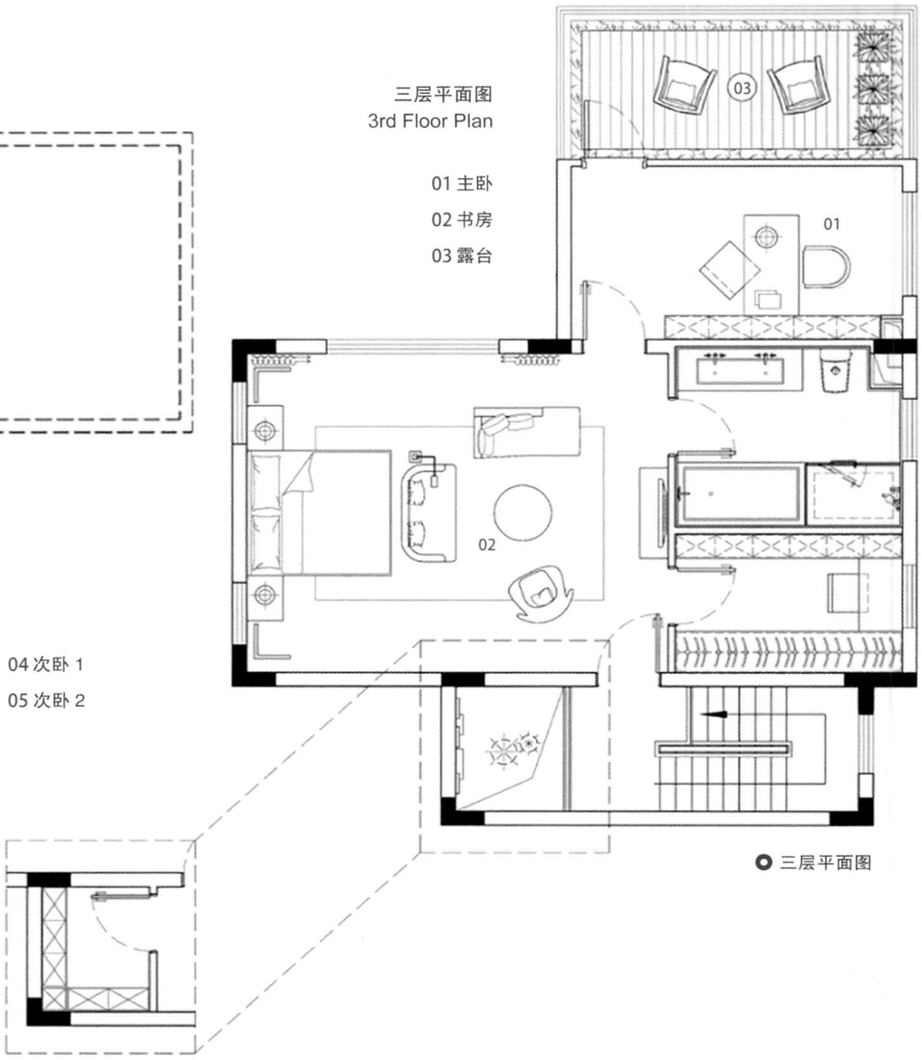

三层平面图
3rd Floor Plan

01 主卧
02 书房
03 露台

○● 空间层次美

女孩房整体色调以粉、白色为主，融入油画、彩色铅笔等元素，凸显了满满的少女感和趣味性。追求素雅和简约的格调，是内在丰盈的一种表现。无须繁琐的修饰，于细微清淡之中感受欢愉，自得其乐。删繁就简，禅意悠长，设计师运用优雅稳重的色彩和协调传统的布局，使空间散发出亦古亦今的层次之美。中国古典乐器元素的融入作为空间亮点，起到点睛之笔的作用，为生活带来些许艺术气息。

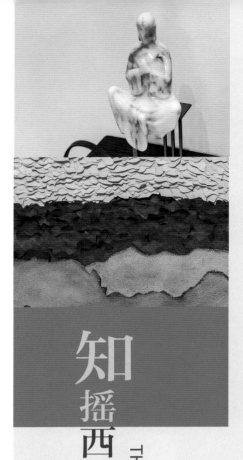

项目名称 / 临安万科西望

设计公司 / 浙江大器空间设计有限公司

设计团队 / 贺芳波、王欣、胡晓欣、陈文姝

项目地点 / 浙江临安

项目面积 / 325 m²

摄影师 / 一言

扫码查看电子书

知摇西望丽，盖覆庭院深

THE BEAUTY SCENE AROUND THE COURTYARD

○ 设计师 / 大器

设计理念
DESIGN CONCEPT

回归最自然纯净的设计状态，软装发挥着不可量度的气质。在一个空白的空间盒子里的无限创意，如同神秘而深远的东方文化，在当下的空间里生长出新的秩序，"重其意而不苟其形，重其趣而不苟其法"，文化与艺术，都有充分表达自我的权利。

高级灰——中国人文精神的最佳体现，中庸、凝重、睿智而不卑恭。比起用手法与营造形式美，用创意予人以温暖和享受往往更能诠释设计的本质。移步异景，即成了视觉与环境互相对话的语言，而兼具格调与舒适的装饰点缀其间，又为这场对话丰富了情节。

"知白守黑，得其玄妙。"不仅是一种人生哲学，还被抽象为一种艺术形式。质朴的"黑""白"代表着朴素、高雅、静穆的美。以充满典雅的元素去回应悠然的生活，汲取墨色山水中的"灰色"色调，气度质感跃然眼前，一抹恬淡寡欲的东方艺术气息。

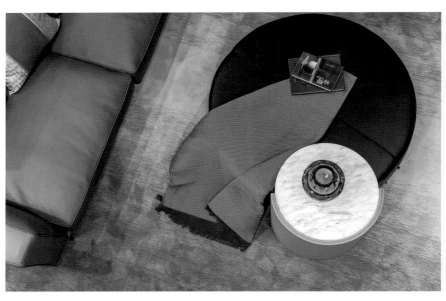

中国历经近20年的室内设计发展，直至2018年，精装修已成为诸多二线乃至三线城市楼盘的交付标准。同时，客户已不再沉迷于"大师"光环包装下的"非交付标准"，从"看到"回归至"得到"。

示范单位开始回归真实、回归生活，一些开发商着手研究更深入的产品标准，他们不再仅仅满足于"看上去合适的尺度"和"非标"。他们已开始从产品的上游思考并解决问题。因此，陈设设计师如何让客户从示范单位体验真实的生活，传递给开发商对产品的信心？我认为是建立在设计师对每一空间细致入微的研究，建立在因地制宜的客户群使用习惯的研究，建立在真实生活上升华的艺术融入中。

总之，装修回归真实，生活回归本真，艺术回归生活。

设计上延续千年的历史文化底蕴，巧纳中国美学于空间，呈现出极具尊贵价值感的气质。用现代的语言呈现一种新的东方意境。"清宴之乐"是生活情趣，也是人生品味，沉稳的灰调中夹杂着活泼的橙色，复古与现代感的对撞，奢华但不纸醉金迷。

老人房，长者的人生积淀与儒雅气质；儿童房，没有过度的喧嚣，好似一个奇妙的专属空间。

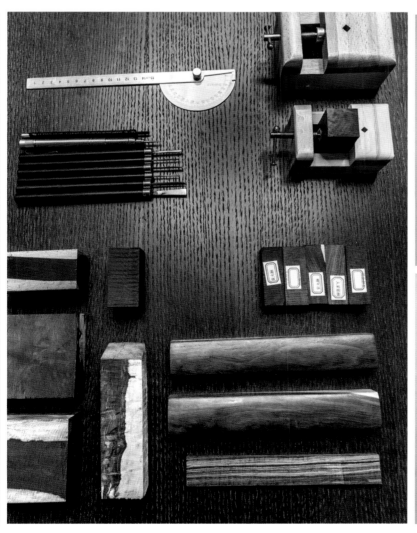

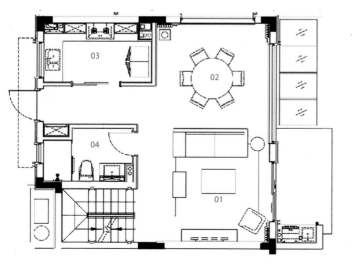

一层平面图
1st Floor Plan

01 客厅
02 餐厅
03 厨房
04 卫生间

◎ 一层平面图

平面图
Floor Plan

01 休息区
02 采光天井
03 休闲厅
04 茶室

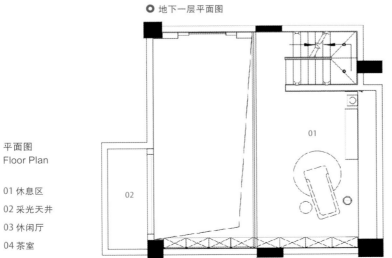

◉ 地下一层平面图

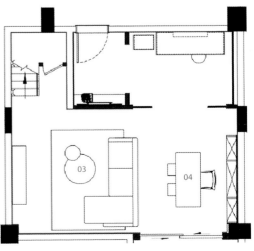

◉ 地下二层平面图

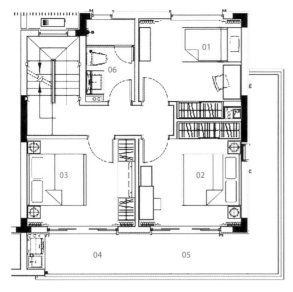

◯ 二层平面图

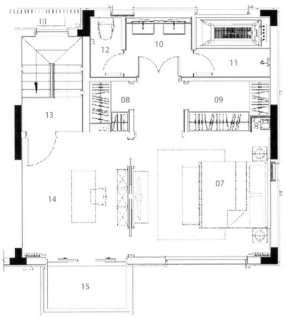

◯ 三层平面图

平面图
Floor Plan

01 男孩房
02 女孩房
03 次卧
04 阳台
05 露台
06 卫生间
07 主卧
08 男衣帽间

09 女衣帽间
10 主卫
11 淋浴间
12 马桶间
13 过道
14 书房
15 阳台

澹然空水对斜晖，曲岛苍茫接翠微

THE GLISTENING WATER, THE SETTING SUN AND SEE BEAUTIFUL SHADY

设 计 师 / 陈子俊

项目名称 / 三亚融创海棠湾壹号——C 户型别墅样板间

设计公司 / 尚策室内设计顾问（深圳）有限公司

施工单位 / 北京港华国际建筑装饰工程有限公司

参与设计师 / 肖扬、周晓思

项目地点 / 海南三亚

项目面积 / 500 m²

主要材料 / 沙漠金石、贝金米黄石、爱奥尼亚石、雅思蓝黛石、蒙古黑石、仿石砖、艺术涂料、水曲柳木、铜、皮革等

摄影师 / 啊光

扫码查看电子书

设计理念
DESIGN CONCEPT

本案是以新中式风格打造的一套别墅样板房，用当代设计手法演绎传统中国文化意蕴，提取中式元素并加以简化和丰富，结合现代的文化和审美追求，用空间的语言来传达中国文化内涵。

整体空间以淡雅色调为主，营造一种安静舒适的氛围，结合沉稳的深色木纹和古铜色，带出别墅的低调奢华、雅致与贵气。

玄关处一抹素雅的色调，几笔简练的线条，结合7.5m的天花高度及大气的水晶吊灯，尽显雅致贵气的非凡气度，效果震撼。

客厅延续玄关的中轴对称，享受同样的奢华尺度。沙发方正的陈列，体现着传统中国人的待客礼仪；茶台区的设计传达了一种浓郁的东方文化境界的追求。高朋满座、清茶闲饮，即使没有雕梁画栋，也可带来不一样的视觉享受。

开放式的餐厅以简约的造型为主，点缀着中式元素，方形的吊顶与方形的餐桌相呼应，突显现代优雅的空间格调。通透的落地窗可一览无余地欣赏泳池和园林，这样的空间可令人身心放松，沉醉其中，享受美好的慢生活。

中西厨的独立设计，既可满足现代人的生活需要，也可为业主延展高品质生活。木纹面板的橱柜，体现家庭生活的温馨，也有纯朴自然的感觉。

书房中设计了一整面的书墙，用沉稳的深色木纹和金属铜色搭配，在庄重典雅的氛围中渗透出文化底蕴气息。远离喧嚣闹市，回到这个静谧空间里，可以感受沉静悠然，沉淀浮躁心灵。

主卧以沁心淡雅、赏心悦目的浅色为基调，用复古深褐色皮革加以调和出和谐舒适的色调，体现出业主的清雅脱俗品味。主卫整体运用米色调石材，使人感觉简洁明快。铜条点缀着深色浴室柜，既保留了简约大气的整体格调，又摆脱了传统中式的沉重感，增添了清新的感觉。

客房以素雅柔和为主要配色，结合木花格栅、山水画等中式元素，身在其中感觉简单静谧。卧房内的每一个角落都精心布置和细致打造，让居者能够宽心休闲。

水晶灯饰与现代线条的家具相结合，尽显端庄典雅。设计师将山水画、木花格栅、刺绣手绘等中式元素运用到别墅的各空间，体现出高雅的品质生活。通透的落地窗使室内外空间相互贯穿，现代园林与新中式风格的室内空间相碰撞，塑造了新中式结合时代审美的风尚。

○● 设计·手法

"留白"和"对称"等设计手法的运用，展示出既含蓄又大方的气息，打造出东方写意的生活格调。这一方天地，清新、雅致、自然、奢华皆能体现，是人们远离闹市，工作和生活之后休闲放松的空间。

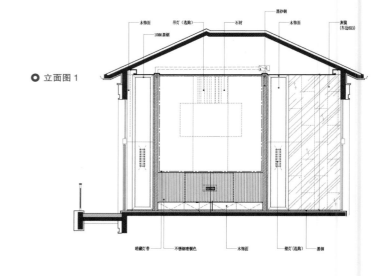

○ 立面图1

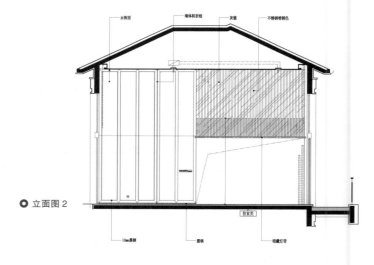

○ 立面图2

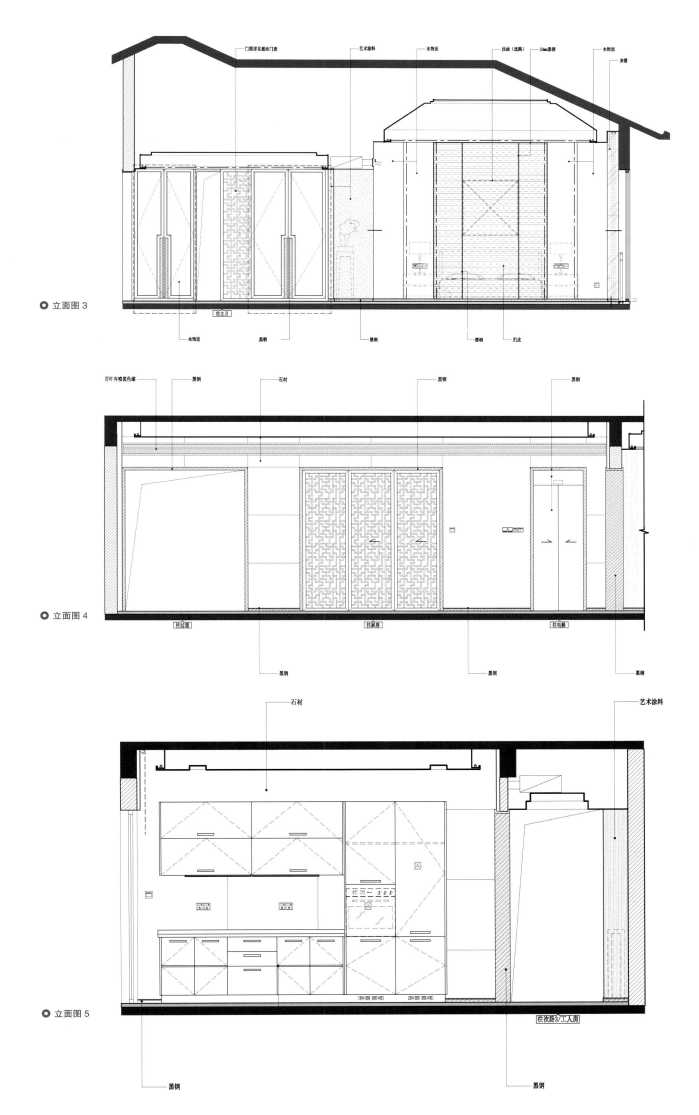

○ 立面图 3

门图详见相应门表　　　艺术涂料　　　木饰面　　　挂画（选购）　　　10mm黑钢　　　木饰面

灰镜

往主卫

木饰面　　　黑钢　　　黑钢　　　黑钢　　　打皮

○ 立面图 4

百叶内喷黑色漆　　　黑钢　　　石材　　　黑钢　　　黑钢

往过道　　　往厨房　　　往电梯

黑钢　　　黑钢　　　黑钢

石材　　　艺术涂料

○ 立面图 5

往次卧3/工人房

黑钢　　　黑钢

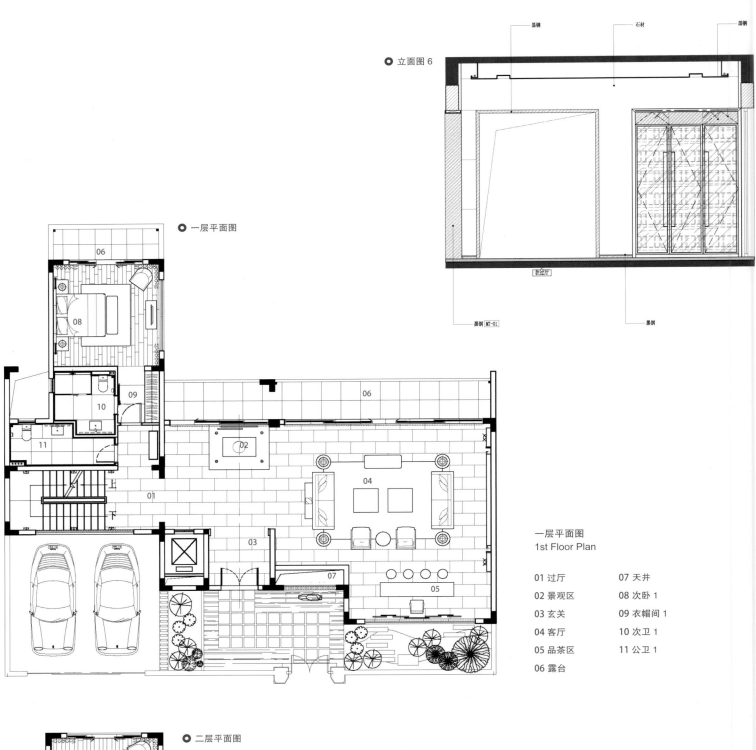

○ 立面图 6

墙纸　石材　墙纸

墙纸 MT-01　墙纸

○ 一层平面图

06

08

09

10

11

上

01

下

02

06

04

03

07

05

一层平面图
1st Floor Plan

01 过厅　　　　07 天井
02 景观区　　　08 次卧 1
03 玄关　　　　09 衣帽间 1
04 客厅　　　　10 次卫 1
05 品茶区　　　11 公卫 1
06 露台

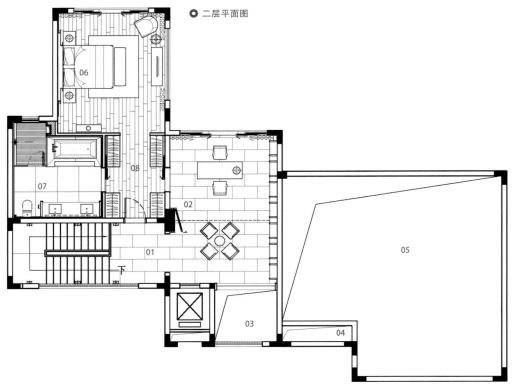

○ 二层平面图

06

07

08

02

01

05

03

04

下

二层平面图
2nd Floor Plan

01 过厅　　　　05 客厅中空
02 书房、家庭厅　06 主卧
03 玄关中空　　07 主卫
04 天井　　　　08 衣帽间

负一层平面图
B1 Floor Plan

01 过厅	05 泳池	09 次卫 2	
02 餐厅	06 泳池设备坑	10 次卧 3	13 过道
03 厨房	07 次卧 2	11 衣帽间 3	14 工人房
04 公卫	08 衣帽间 2	12 次卫 3	15 天井

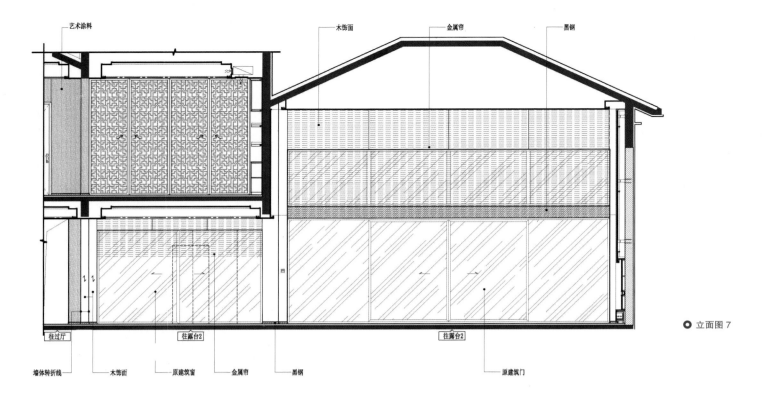

艺术涂料　　　　　　　　木饰面　　　金属帘　　　黑钢

往过厅　　　　往露台2　　　　　　往露台2

墙体转折线　　　木饰面　　　原建筑窗　　金属帘　　黑钢　　　　　　　原建筑门

○ 立面图7

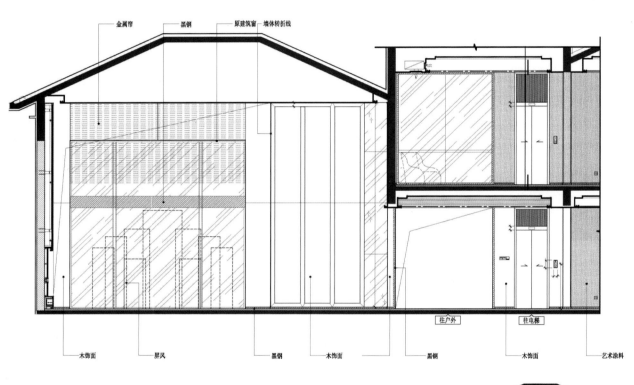

金属帘　　黑钢　　原建筑窗　墙体转折线

往户外　　往电梯

木饰面　　　屏风　　　　　黑钢　　木饰面　　　黑钢　　　木饰面　　　艺术涂料

○ 立面图8

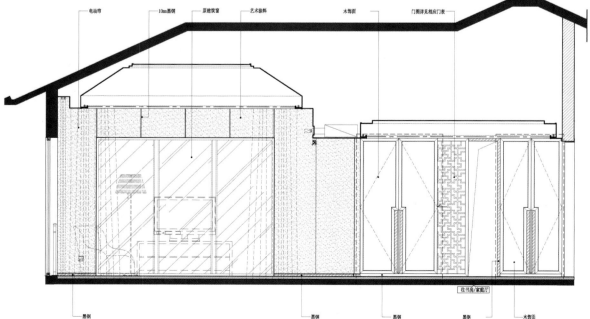

电动帘　　10m黑钢　　原建筑窗　艺术涂料　　　　木饰面　　　门图详见相应门表

往书房/家庭厅

黑钢　　　　　　　　　　　　黑钢　　　黑钢　　　黑钢　　　木饰面

○ 立面图9

现代中式流露出的理智与情感

STYLE

REVEAL REASON AND FEELINGS IN MODERN-CHINESE

项目名称 / 成都龙湖天宸原著别墅样板间

软装设计公司 / 重庆元禾大千艺术品有限公司

项目地点 / 四川成都

项目面积 / 340 m²

扫码查看电子书

设计理念
DESIGN CONCEPT

快速变化的世界，信息爆炸的时代，无法确定的将来，令现代人的生活愈加焦虑。而家正是抚慰放松的城堡，这种基于物理空间内与外，反应人理智与情感的容器——家，用温暖柔软的氛围消解负面情绪，只在这里留下生活中美好的瞬间，这也解释了为何都市人们那么重视家的设计与装饰。

为家做设计不可以被简化成美学问题，日常生活其中的人的感受才是最重要。正是出于深刻的对生活、对家的理解，恰又是在骨子里追求精致安逸的成都，设计师在龙湖天宸原著这套别墅空间，巧妙地照顾了多元的使用与情感需求，理智与情感、舒适与启发、当下与未来，基于科学逻辑的理性思考，带来饱含深情的感性设计，日常生活才是鲜活的艺术。

舒服的色彩令人瞬间感到闲适放松，浅驼色、象牙色与灰色柔和静谧，似身处洒满阳光的棉花田般治愈；点缀其间的啡色与蓝色时髦沉静，配合圆润干净的家具与器物形状，简洁克制却更加显得精致与现代，像被温柔的手抚平紧绷树立的刺。客厅、餐厅精致的背景画，浓烈且优雅，抽象且个性，为空间增添了几分意境之美。

○● 卧室软装

卧室在色彩方面秉承了传统古典风格的典雅和华贵，但与之不同的是加入了很多现代元素，呈现了现代中式的沉稳。在配饰的选择方面更为简洁，少了奢华的装饰，更加流畅地表达出传统文化中的精髓。卧室精巧充满暖意的灯饰，和雅致的背景墙，使整个居室在古韵中渗透了几许现代的气息。

堂前
世界皆寻常

BE IN FRONT OF THE FADED GLORY —
EVERYTHING IS USUAL

● 设计师 / 殷艳明

项目名称 / 成都万科玖西堂叠拼样板间（下叠）

硬装设计 / 深圳创域设计有限公司

软装执行 / 殷艳明设计顾问有限公司

参与设计师 / 万攀、文嘉、周宇达

项目地点 / 四川成都

项目面积 / 210 m²

主要材料 / 玉石、墙布、木饰面、艺术玻璃、香槟金不锈钢、
陶瓷马赛克、鹅卵石等

摄影师 / 张骑麟

扫码查看电子书

设计理念　DESIGN CONCEPT

澄江平少岸，幽树晚多花。细雨鱼儿出，微风燕子斜。

城中十万户，此地两三家。蜀天常夜雨，江槛已朝晴。

——《水槛遣心》唐·杜甫

西著 · 人和之美

"旧时王谢堂前燕，飞入寻常百姓家。"蘸一笔锦城丹青，绘制一幅古老而诗意的市井画卷。这里一半院藏着魏晋，一半巷装着成都，以此为精神主轴，展现当代仪式感的庭院生活。当你走进玖西堂下叠空间时，你会发现，锦城闲适自如的生活序幕已慢慢揭开……

依托锦城文脉和自然风光，城西成为了成都最适合居住的"栖居地"，而玖西堂正是集合了城西悠闲、舒居的贵族气质。玖西堂将客户定位为40岁左右的新富阶层，他们大多来自于新兴行业，乐观主义是他们的集体信念。对于那些走过了"他我"阶段的城市和塔尖人群，对自己最大的馈赠，不是那些象征着身份的穷奢之物，而是每天吟味的自然之美，阳光、空气、花鸟虫鱼……

设计师深刻挖掘出当代人的时代趣味与生活需求，在本案中混合了现代低奢、自然人文的个性设计，以缤奢·至臻为设计思想，坚守悠闲的成都生活格调，将上善若水的包容一脉相承，传达出馨谐致祥的人和之美及暗香疏影的庭院自然之美。

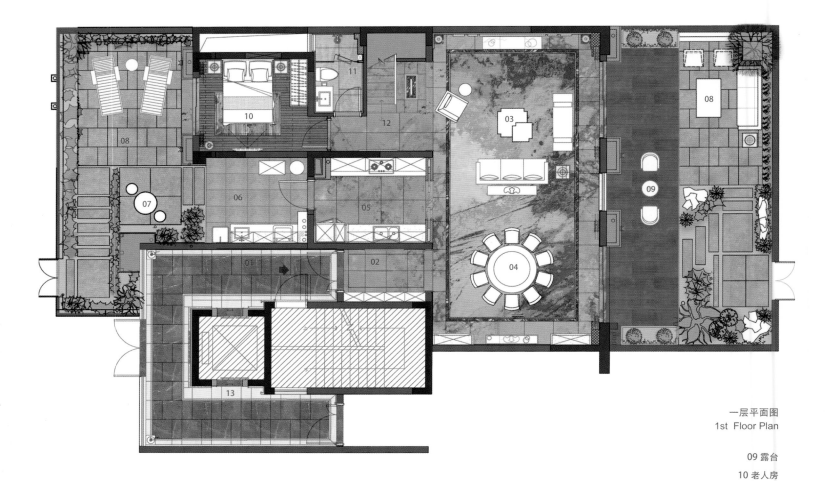

一层平面图
1st Floor Plan

				09 露台
				10 老人房
			06 洗衣房	11 公卫
	02 玄关	04 餐厅	07 棋艺区	12 楼梯厅
01 入户门	03 客厅	05 厨房	08 休息区	13 电梯厅

237

城墅 · 流动空间

本案主要分为上下两层，一层完善其户型功能和人流动线，分别设置客餐厅、老人房和洗衣房，二层则是静态空间，设置了主人房、男孩房和女孩房三个主题套间。开间长达10米的大横厅，将客餐厅连为一体，同时打破自然与建筑的隔阂，增加采光面和观景面，营造出空间感绝佳的居室空间。

设计师选用山水纹路的玉石和艺术挂画，将飞鸟元素融汇贯穿于整

个空间，启发人们遐想在距离天空最近之处的简单生活，引导人们进入无限想象的世界。搭配令人记忆深刻的当代艺术装置，用艺术重新定义生活，实现华丽与内敛之间的微妙平衡。

静宅 · 一片闲适

"映阶碧草自春色，隔叶黄鹂空好音。"把宁静藏进繁华，把方寸埋进肺腑。前庭后院，看万物生长，一楼双入户花园，打造当代仪式感的庭院生活。设计师深入挖掘当地地域文化，跨越时间的限制，来一场

无字对话，将千年的风物，印刻在主人房背景的画卷上，感悟一帆一影间的永恒。

圆形玉石宛若一轮明月悬在中央，夜幕如水，风清月朗。月不仅是时间的意向，也是高尚、贞洁的化身。一间舒适的卧室，为人带来身体和精神的松弛，直抵心中柔软之处，成为都市中令人渴望的安慰。从书房到卧室，延续古代屏风的半开放式隔断，搭配透明树脂的山景造型，将山水月色融于一室之内，表达对传统文化的亲近。嵌入式衣帽间的设计，同时通往主卧卫浴形成顺畅的动线。

男孩房的击剑主题和女孩房的音乐主题，各奏华章。男孩房运用蓝色和金属元素打造贵族感十足的现代空间，女孩房则运用音乐元素，粉色分别点缀在床品、床头柜、背景及陈列上，为空间增添了柔和感。套卫运用多个圆形镜面，面光源散发出柔和的光线，烘托出主题套房灵动的空间氛围。

设计师精选了多种玉石，运用香槟金不锈钢，搭配暖灰色墙纸、艺术玻璃、瓷砖马赛克、鹅卵石材质，铺陈在整个空间里。在这套叠拼大宅的设计中，设计师以克制的灰来解读天府文化，以华贵的蓝绿和浓烈的金勾勒出视觉的层次感，使得室内装置与材质的建构间，产生一种华丽、自然的气质，从而打造一个多维度的人文艺术空间。

奢华而低调，缤纷而冷静，无需喧闹，自成语调。

二层平面图
2nd Floor Plan

01 楼梯厅
02 主卧
03 书房
04 衣帽间
05 主卫
06 女孩房
07 套卫 1
08 男孩房
09 套卫 2

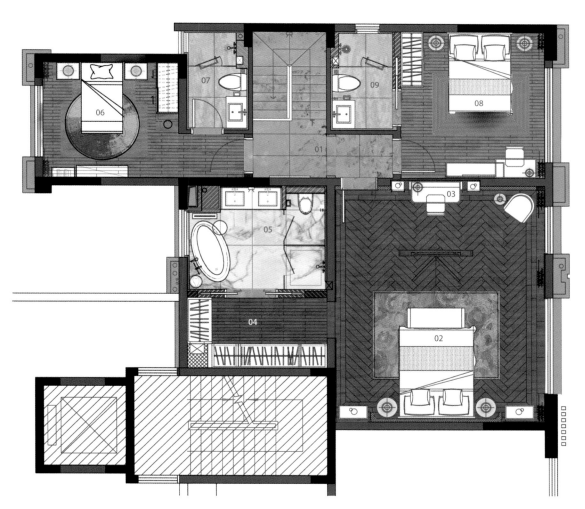

与繁

华为邻，与自然共舞

NEXT TO BUSTLING AND DANCE WITH NATURE

● 设计师／杜文彪

项目名称 / 万科皇马郦宫样板房

设计公司 / 广州杜文彪装饰设计有限公司（GBD）

参与设计 / 吴春鹏、梁珊、吴柏炀、赖晓婷、梁子超

项目地点 / 广东东莞

项目面积 / 240 ㎡

扫码查看电子书

设计理念 DESIGN CONCEPT

"庄生晓梦迷蝴蝶，望帝春心托杜鹃。"

——李商隐的《锦瑟》

本案以传承与革新为主要出发点，贯穿过去与当代的设计风潮，用独特的空间设计语汇雕刻华丽富饶的"中国印象"。

项目位于东莞市，背山面湖，设计师借此自然优势，打造一处生机勃勃，鸟语花香，沁人心脾的生活场所。玄关以画框为造型，雕刻出极具中国元素的梅、蝴蝶，表现万物生长，一派生机。客厅遵循了中国传统园林移步换景的布局手法，不但有传统的曲径通幽，进入大开间的客厅又有豁然开朗之感，统一和谐的暖色稳定着空间的平衡，奠定了沉稳宁静的基调，浅浅温暖的色调又能平静人心。

设计师让场景契合心灵的悠然，强调家庭关系之间的和谐，将生活形态和善意美学相结合，转化为业主尊贵身份的象征，赋予奢华生活品质以新定义，将东方文化的包容与厚度，淬炼成一股柔软的力量。

○● 精湛工艺

餐厅背景以代表东方文化内涵的梅花为元素，圆月梅花，满载合意。设计师运用皮雕工艺将其演绎呈现，背部的蝴蝶刺绣栩栩如生，仿佛被屋中美景吸引，留恋于此。

○● 石材肌理

客厅背景采用巴西进口天然石材，自然的肌理纹与户外山湖景致相呼应，除此之外，设计师极力摒除多余的色彩、造型，以减少视觉上的局促。

平面图
Floor Plan

01 玄关	08 花房、画室
02 客厅	09 外阳台
03 餐厅	10 主卧
04 吧台	11 主卫
05 厨房	12 衣帽间
06 生活阳台	13 老人房
07 过厅	14 次卫

15 小孩房
16 公卫
17 水井
18 电井
19 风井

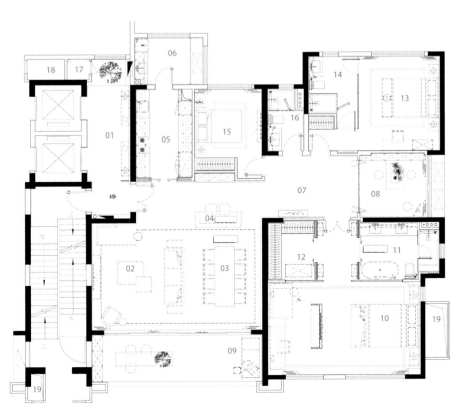

◎● 花房软装

花卉艺术含蓄却富有情趣，完美将情与景，心与物交融在一起，体现自然与人以及环境的对话关系，延续玄关过厅的漆画工艺，内容上植入蝴蝶花卉等元素，与花房空间概念相呼应。地毯选用带有自然元素的图案，使空间更加生动且富有自然的艺术感染力，同时也使整个空间更加连贯与整体。

◎● 传统与传承

过道运用多种传统工艺，大漆画、刺绣、铜刻等结合现代的设计手法创造出丰富的场景，营造如繁花似锦的都市中人文居所，让心灵徜徉在繁华里，演绎一场生活方式的艺术之旅。

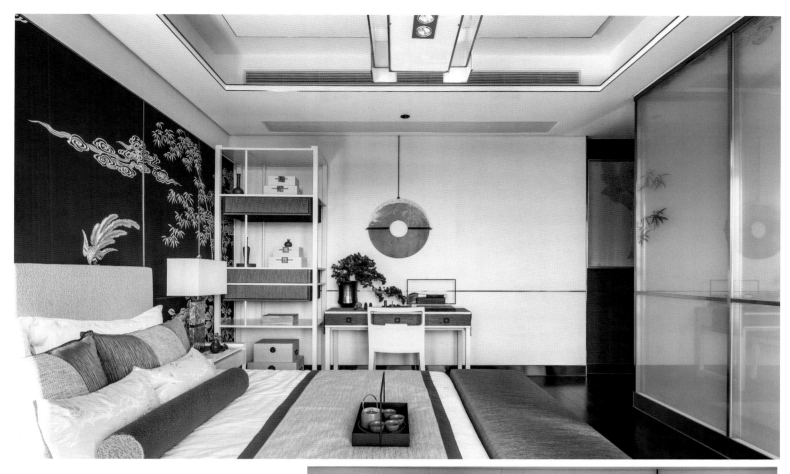

●● 细节陈设

　　长辈房在白灰布艺中点缀了青绿色系，低调优雅，以石竹、祥云为衬，凤鸾呈祥渊源共生，和谐共融，灵动贵气，彰显老人房的安富尊荣，演绎一场生机盎然的写意自然景象，一段奢华与禅韵的邂逅，运用工笔画加刺绣的工艺技术让内容更加丰盈耐人寻味。

◎● 屏风隔断

以玻璃夹画的形式，让空间更加通透的同时赋予空间更深层次的寓意与体验。方寸之间皆为景，在这东方之境融入细腻饱满的人文情怀，描绘内敛淡然的悠远意象。

◎● 背景营造

主人房背景主幅取"仙鹤"之意，换为"凤凰"之形，融入传统"苏绣"锦画的工艺，描绘出"凤凰"的恢弘大气，细腻的笔触勾勒出集美与富贵为一体的高贵气质，一束灯光洒落在羽翼之上，闪闪发光的丝线给房间增添了富贵华美的印象，体现主卧的华丽与尊贵。

花间一壶酒，燕回百姓家

设 计 师 / 余炆哲、王亮、杨波、梁言

DRINKING A JUG OF WINE IN FLOWERS BETWEEN AND
GO BACK TO OUR HOME

项目名称 / 惠州牧云溪谷别墅

设计公司 / 深度进化设计研究室

项目地点 / 广东惠州

项目面积 / 700 m²

主要材料 / 烤漆板、木饰面、复合地板、古铜砂钢、夹丝玻璃、皇家绿理石、银灰洞理石、昆仑绿理石等

摄影师 / 肖恩

扫码查看电子书

设计理念
DESIGN CONCEPT

笔蘸性情，舞一阙水墨横斜，轻勾慢染，一枝一叶归乎情致。执笔时，是隐居在都市的浪漫侠客，良禽美雀啁啾，树痕花影婆娑，用笔如刀，刚柔并济。尺幅之中，只着一花半叶，便得气闲神清。

诗一般的写意空间，尽抒东方之儒雅意韵。让奔波不安的灵魂，得到诗意的栖居。东方禅意的"静"与"悟"，让人沉浸于"深林人不知，明月来相照"的小隐生活。设计师巧妙地使用简洁的空间构成线条，单纯的立面材料，并从古代山水画的虚实哲学观得到启发，删繁去奢，因景互借，移步换景。

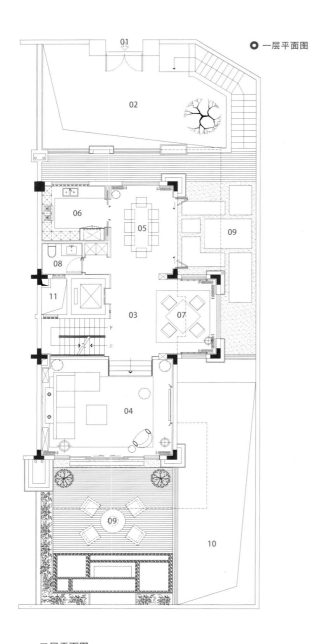

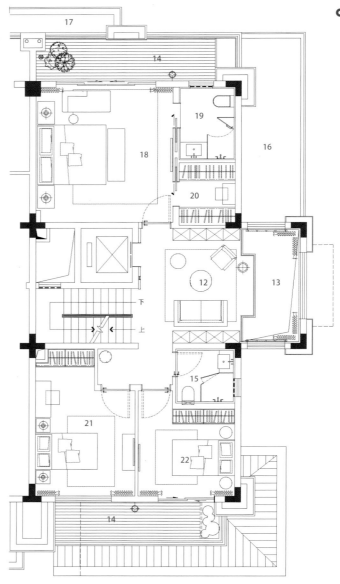

一、二层平面图
1st and 2nd Floor Plan

三层平面图
3rd Floor Plan

01 主入口	07 茶室	13 茶室上空	18 父母房		01 门厅
02 庭院上空	08 公卫	14 露台	19 洗手间		02 过道
03 过道	09 庭院	15 公卫	20 衣帽间		03 露台
04 客厅	10 下沉庭院上空	16 无柱钢雨棚	21 儿童房		04 花池
05 餐厅	11 天井	17 花池	22 客卧		05 主卧
06 中厨	12 家庭厅				06 书房
					07 主卫
					08 衣帽间
					09 天井

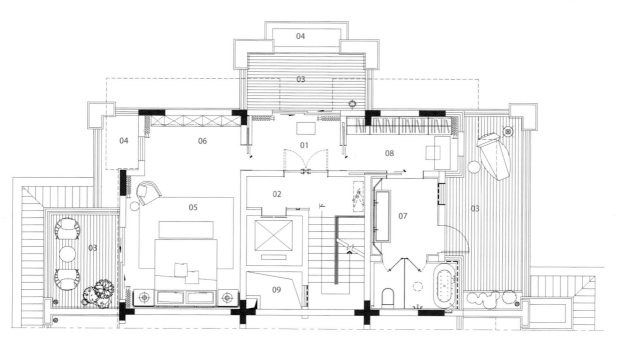

◉ 三层平面图

●● 设计·哲学

借山、借水、借四季；借景、借光、借鸟鸣，以借来表示对自然的尊敬。开一扇窗借一片风景，将自然光线引于室内。光影穿过铜质阑珊，游走于角落，舍弃繁复的设计造型，运用中式元素简化、提炼，糅合古代山水画的虚实哲学概念。

●● 设计·美学

细细品味间，犹有一种文人雅士的清风气质，温柔而敦厚。运用简洁的空间构成线条和单纯的立面材料作为基本元素，表现东方诗意之美，仿佛置身于溪谷中与之呼应，以现代东方美学为基础，找寻传统文化的极致生活方式。

●● 设计·禅学

壶中水沸，若松风鸣响，云雾萦绕，似仙踪缈缈，执杯存光，是踏水而歌的隐士，寂静时望青山冥思，欢喜时踏溪流欢舞，知盏间余韵，识茶里滋味。世间物纷杂，且使心归素。

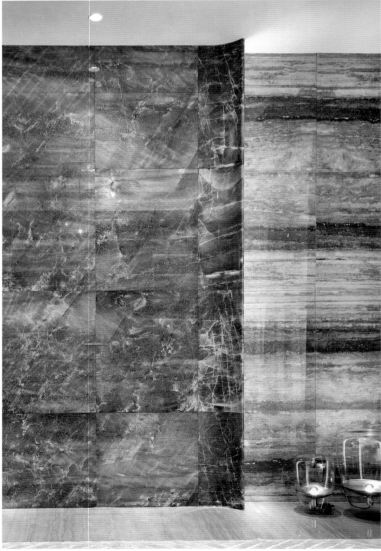

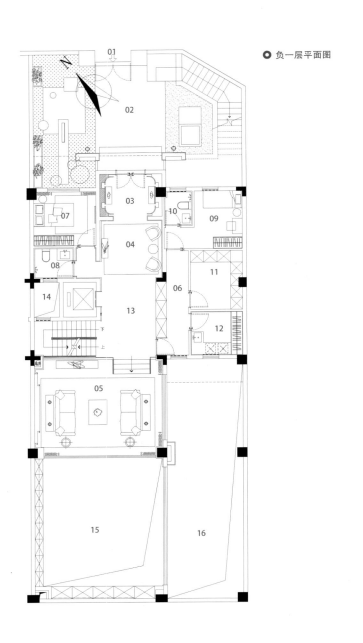

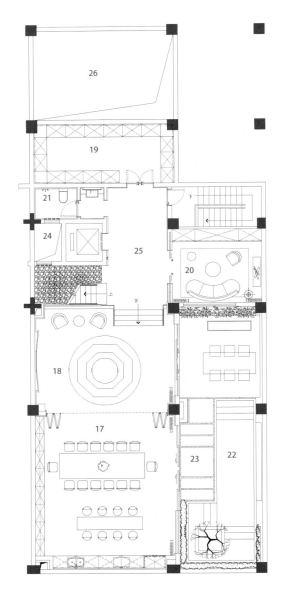

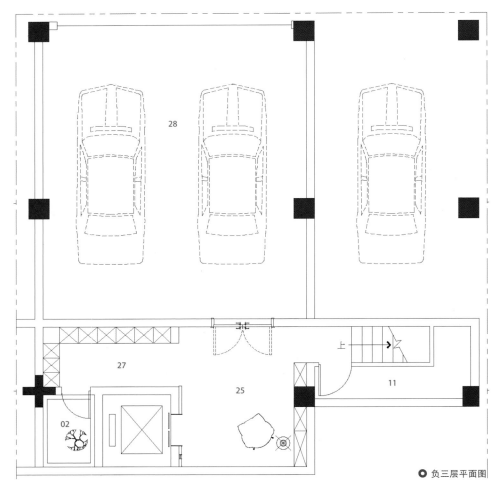

平面图
Floor Plan

01 主入口
02 庭院
03 玄关
04 过厅
05 会客厅
06 过道
07 客卧
08 公卫
09 工人房
10 工卫
11 储藏室
12 洗衣房
13 电梯厅
14 天井

15 宴会厅上空
16 下沉庭院上空
17 宴会厅
18 休闲娱乐区
19 酒窖
20 红酒雪茄房
21 公卫
22 水景
23 下沉庭院
24 天井
25 电梯厅
26 车库上空
27 工具间
28 车库

○ 负三层平面图

坐看闲庭花，漫随天外云

● 设计师／朱臻杰

SIT AND SEE THE COURTHOUSE BLOSSOM AND WANDERING WITH CLOUDS

项目名称／重庆金辉·中央铭著样板间软装设计

设计机构／骏地设计

软装设计总监／朱臻杰

软装项目主负责／张超英

软装设计师／吕庆楠

项目地点／重庆

设计面积／303 m²

扫码查看电子书

设计理念 DESIGN CONCEPT

叠墅有着统摄全局和引领目标人群的重要功能定位，因此设计团队锁定目标客户群体，特别关注消费者需求特征——舒适性。其次，在满足居住功能的同时也享受舒适的生活环境。基于这两点，设计者的理念是："人文的传承"——山一程，水一程，倾听历史的诉说。

"清坐让人无俗气，虚堂终日转温风。"是设计者在"实"与"虚"之间美学层面上的深刻体会。设计上给予了空间更高层次的人文与美学的结合，让每个空间有自己的意义与特点，也满足了业主艺术品收藏的喜好。

空间设计中不仅考虑了具有文化气质的装饰性，在一些地域人文方面也作出了清简的表达。在色彩的点缀上选用了最具有中国特色的红色，作为"红岩精神"的起源地，无论在历史中还是在人文的表达上是上最适合不过了。整个室内的空间以米色和深咖色作为基调，将其融入到简洁的空间线条中，增益其趣。在材质上，多采用树瘤、水晶、皮质与棉麻一类，更贴近大自然，符合中国人与自然共生的理念。

　　本案整体空间调性沉着，饰品表面肌理、木质感、老物件所带来的时光与宁静感，为空间注入了厚重的历史感，其中自然肌理的墙身、水墨的纹路、金属细节融汇其中，材质组合的多样性体现出历史的人文，与现代都市能做到无界对接。

　　男孩房以宝蓝色为主，辅以红色作为点缀，男孩的沉稳与跳跃完美结合在一起。不喜欢繁琐，热爱摇滚，所以男孩房的设计做减法，简约而有动感。床头床尾相呼应的摇滚光碟壁画、唱响自由之声的麦克风、摇滚狗……看到这样的房间就会想到这一定是一个爱摇滚、爱披头士、爱音乐，内心住着一个小宇宙的男孩！

○● 设计·用心

三代同堂的家庭氛围、热爱传统文化的个性特征，引导着设计师对风格的选择，但值得一提的是，选择中式风格和东方美学并不是复古。设计师在本案设计中引入了现代的概念，让东方美学的诗意同时具有时尚感和现代感。对于眷恋东方美学的人而言，茶——既是一种生活方式，也是一种文化态度。

在叠下整个空间中功能是以身之休闲、心之宁静为主，设计师引入不同的茶元素，对夹层空间的氛围进行演绎和打造，创造出"和、敬、清、寂"的禅茶一味，让居者的心灵得到妥帖的安放。

惊艳中国红，抒写浓郁东方情怀

AMAZING CHINA RED — EXPRESSSING CONCENTRATE ORIENTAL FEELINGS

设计师／段文娟、郑福明、徐钰筠

项目名称／深房地产·深圳新中式豪宅样板房设计

设计公司／深圳市伊派室内设计有限公司

项目地点／广东深圳

项目面积／170 m²

主要材料／白金沙大理石、蓝金沙大理石、鱼肚白水墨纹大理石、茶镜、皮革等

摄影师／谭冰

扫码查看电子书

设计理念
DESIGN CONCEPT

新中式，是传统文化和现代理念的碰撞和融合，也是文化自信和精神涵养的一种表达。既追求东方意境之美，同时不乏现代时尚元素，设计师延展一场穿越古今的对话，打造人文雅致、安然舒适的新中式主题空间。

整体空间布局井然有序，传达着中式对称之美，良好的采光让空间更加通透明亮。中国红作为空间色彩亮点，也是本案主题的点睛之笔，它是中国文化的底色，惊艳而醇厚，灿烂而极致，中国红的点缀代表了喜庆、团圆，如同平淡生活中家人之间始终浓烈的情感。

"风清月白偏宜夜，一片琼田。谁羡骖鸾，人在舟中便是仙。"在喧嚣的现代都市生活里，愿我们的骨子里总有一份永远抹不掉的中式情结，化为唤醒内心世界的声音，为我们的心灵找到栖息之所。

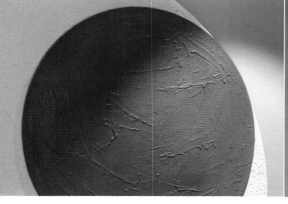

平面图
Floor Plan

01 玄关
02 客厅
03 餐厅
04 书房
05 茶室
06 厨房
07 阳台
08 卧室
09 公卫
10 小孩房
11 主卧室
12 主卫

●● 设计·软装

"白云开旷野，红日照高林"，玄关设计搭配红日、红叶、花格屏风等中式元素，彰显庄重典雅的气质，营造出蕴含东方文化的意境空间。目光移向前方，走廊尽头的墙面上装饰着一幅中式山水画，寓意"开门见山"，同时呼应主题风格。走近细看，挂画中的山水是由钉子组合而成，设计师以一种别出心裁的手法传递着工匠精神。

客厅背景墙由水墨淡彩山纹硬包和木饰面装饰构成，画面意境悠远，虚实之间一股中式气韵仿佛呼之欲出。设计师选取白金沙和蓝金沙大理石作为地板材质，凸显空间典雅而尊贵的气质。白金沙横纹有利于延伸空间感，深色蓝金沙线条使区域划分更加整齐有序。电视背景墙采用大面积的鱼肚白水墨纹大理石，如同东方破晓的天际，有一种白玉般的光泽和静谧。

旁边伫立着木花格屏风隔断墙，内部镶嵌着茶镜，为空间增添反光效果和灵动性。

移步餐厅，墙面搭配大面积的白色皮革硬包，简练大方，在灯光的渲染下营造出丰富的光影效果，使空间更具美感。座椅靠背结合中国文化设计的祥云图案，色调淡然而沉稳，象征着对生活的美好祝愿和向往。

主卧整体氛围淡雅而不失厚重，在追求精致内涵的同时，注重空间居住的舒适度和实用性。主卧床头背景中间运用花绘皮雕结合两边延续客厅花格图案的定制艺术镜面玻璃，体现空间整体性，并利用玻璃的微反射，使空间更具层次与开阔感。

偏偏

文韵，素雅东方

设计师／邬超伦、黄龙泽、裴桂婷

SIMPLE BUT ELEGANT RHYME IN ORIENTAL

项目名称／合肥中海城项目 143 平层

设计公司／上海拓臻建筑设计有限公司

项目地点／安徽合肥

项目面积／130 m²

摄影师／陈宏涛

扫码查看电子书

设计理念

DESIGN CONCEPT

"素雅、静谧" 是一种东方而含蓄的人文，主张精神的回归，倡导回归本真，回归生活。空间设计紧凑而明朗，将面积利用到极致，将茶室、文娱功能都安排进公共空间，让客厅功能丰富而充满魅力。整体以干净的木色为主，以红色为点缀色，搭配素色的壁布、棉麻，以打造舒适惬意的居住空间。

主卧色调清浅，线条简约而精致，床头浮雕一般的牡丹纹饰给空间增加了细腻质感。部分采用棉麻色加入普兰色点缀，物件搭配上都倾向黑灰色调，彰显中式素雅格调。

父母房和主卧相识的格局，空间线条更为隐逸，配色上则更显稳重而函雅。室内加入了红梅元素，以其美好寓意和明亮色调活跃空间气氛，鲜明而显得端庄典雅。

即使是儿童房也不失雅致，主要使用木质材料，柔和且更安全，营造温馨的氛围。室内收纳得到充分考虑，床头房子造型的镂空柜实用且充满童趣。

○● 设计·配色

空间的形象设计具有鲜明的色彩延续性，以棉麻色贯穿全场，配色以雅蓝、哑梅红相互协调，点缀以橙黄、正红，围合出非常正点的中式气韵。金属元素的使用给住宅增添了现代气息，以黑铁、黄铜居多，涵雅中并不破坏中式韵味，体现了设计师的细腻手法。

平面图
Floor Plan

01 电梯厅

02 无障碍电梯

03 玄关

04 客厅

05 餐厅

06 厨房

07 洗衣房

08 水井

09 书房

10 多功能房

11 主卧

12 卫生间1

13 衣帽间

14 长辈房

15 卫生间2

16 淋浴房

17 儿童房

18 过道

19 上空

阅尽
千山自成峰

● 设计师 / 罗玉立

EXPERIENCING A LOT AND BECOME
PROFESSIONAL

改造公司 / 广州龙湖云峰原著

设计公司 / 则灵艺术（深圳）有限公司

项目地点 / 广东广州

项目面积 / 560 ㎡

主要材料 / 大理石、水晶、金属、皮革等

摄影师 / 黄书颖

扫码查看电子书

设计理念
DESIGN CONCEPT

云来山更佳，云去山如画。

山因云晦明，云共山高下。

——元·张养浩《雁儿落带得胜令·退隐》

龙湖首开云峰原著，位于粤港澳大湾区中枢城市广州市黄埔区核心，依山傍水，南望万亩原生态山景，北眺西陂河潋滟水景，是广州第二座Top级原著系别墅项目。

作为广州的顶配豪宅，则灵艺术在设计之初对目标客户的生活方式有多次研究探讨。负一层连接着地下车库，无论是出门还是回家，它对于家与外界的过渡意义远大于一层。因此主要的待客区域被设置在负一层。

家具设计传承东方文化的简雅自若，采用多种现代手法工艺，将不同材质结合，创造出多元化的质感，诠释"新东方主义"的时尚感。整体设计以米色、灰色为主色调，以墨绿、竹绿、灰蓝系等相临色搭配，统一中带有细腻的层次变化，同时用古铜色点缀出低奢感。

客厅的背后，是男主人的收藏间。来自世界各地的海洋收藏品，裹挟着呼啸而过的海风和浩渺无边的海水，被精心地陈列在这个天地内。在男主人忙碌一天之后可以转换心情，沉浸自我的空间。夹层则为婚纱设计师的女主人提供了舒适的工作区域，水晶与金属的巧妙结合，让空间灵动而有通透感，开敞空间尊贵而富有仪式感，私密空间则雅致而诗意。

一层设置了家庭厅与书房，相比负一层更加舒适和自然。由于岭南气候温和，人们居住的活动空间向外推移，更加注重室内外环境的融合与流动。餐厅更多地向茶文化靠拢。广州人喜爱饮茶，饮茶的同时叙说友情、洽谈生意。饮茶在一定意义上已经超越了"茶"的范畴，成为社交方式的一种。

拾级而上来到二层，套间的设计让居住增加了更多的私密属性。父母房以高级灰为主调，温婉的绿色为点缀，柔软的质感给予人温暖，精致的绣线尽显低调的奢华。女孩房则大胆地使用了BJD娃娃作为主题，俄罗斯设计师Marina Bychkova创造的Enchanted Doll，为女孩们纯真的梦添上钻石华彩，完成了她们对美丽追求的极致，手工立体彩绘墙面则将这种浪漫气息烘托到极致。

主卧套间独占三层开阔空间。天青色与灰蓝色将东方韵味细细勾勒出来，与窗外的远山林木遥遥相对，丰富了空间层次，营造了气势恢宏而高雅脱俗的宁静氛围。

●● 设计·创想

"峰"是一种人生的境界。有人
以"峰"为界，跋涉攀登只为一览峰
顶奇观；有人以"峰"为阶，会当凌
绝顶是为了触摸天边缥缈的云霭。

设计也是一样，一味地追随与
模仿，为自己竖立"山峰"，也就竖
立了屏障；一个好的设计应该高山流
水，光风霁月，登临绝顶，以峰为
阶，拂流云，摘星辰，自在畅意，自
成图景。

设计师／张波

MODERATION AND STANDARD — ANNOTATE THE CONTEMPORARY CHINESE HOUSE

设计公司／上海全筑第一设计分院

设计团队／王文兴、蔡序健

陈设设计／Sherry，缪亚平

项目地点／浙江绍兴

项目面积／420 m²

主要材料／雅典娜灰大理石、黑胡桃木染色、黑钛哑光不锈钢、米灰色仿皮等

摄影师／林世凯

设计理念 DESIGN CONCEPT

如今，都市人生活在一个浮躁而喧嚣的时代里，对于家的定义和向往大多是舒适自由、从容淡定的。家，可以没有华丽的色调、繁杂的装饰，但骨子里会透露出深沉情愫，让心灵行至深处，如同落叶归根，找到了灵魂的归属。

别墅设计以沉稳的色调为主题，用更为简约的现代设计语言，来传递东方情调和空间力量以及对于传统文化致敬的永恒情节。一层的公共休闲空间，得益于自然渗透式的浸润，让那些沉浮于世的疲倦与不安，在这里得到妥帖的安放与慰藉。设计师通过大面积的落地窗将光线引入室内，配合素雅的色彩基底、光泽的大理石材质、几何感的绒毛地毯……使室内光线充盈，肌理细腻。

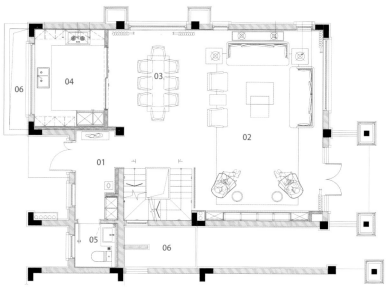

一层平面图
1st Floor Plan

01 门厅
02 客厅
03 餐厅
04 厨房
05 卫生间
06 采光井

墙面金属挂件以轻松姿态绽放优雅，而宝石蓝则是空间中最为灵动的色彩点缀。沙发、茶几与雕塑，自成一隅，好似一场艺术展览，怡然自得。壁炉融入，火焰升燃，家的气息也就汇聚于此。

开放式餐厅延续了简约利落的格调，在材质搭配上以大理石、玻璃和金属为主。厨房与客餐厅相连，使整个空间更加通透大气，巧妙地演绎出和缓舒适的空间节奏，这也是设计师对于现代生活方式的回归与重塑。

值得一提的是挑高的就餐空间，
5米层高给体验者带来的是空间的开阔
与震撼感。水晶吊灯仿佛自下而上缓
缓升起，形状简单又细节满满，像个
镶满钻戒的指环，圈住爱，也照亮生
活。

褶纹的窗帘、洁白的清纱、超质
感大理石独有的天然纹路，使整个空
间如同一幅缓缓打开的山水画卷，俊
秀清丽。伴随人影流动和动态光影，
空间有了更加立体而生动的表情，记

二层平面图
2nd Floor Plan

01 多功能区
02 储物间
03 餐厅上空
04 过道
05 老人房
06 儿童房
07 卫生间 1
08 卫生间 2

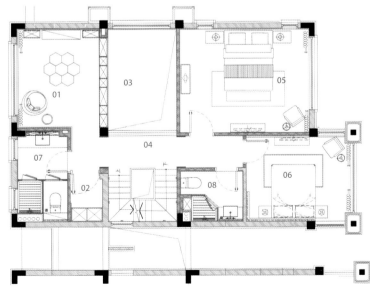

○● 设计·美不盲从

生活所需要的美不是盲目趋和，是不被过去所挟持，不为未来所迷乱。立足于当代的审美，重新审视体面与品味，大处见刚，细部现柔，不着一笔，尽得风流。

本案已不再简单地将古典元素作为视觉符号，而是以植根于骨子里的文化底蕴来传递精神内核，摒弃繁冗装饰、引入现代特质，更加契合了现代人的审美意趣与需求。

让思考回归原点，让空间回归纯粹；以匠心致敬初心，空间中的布局安排与功能设计，以人为前提，以文化内涵支撑设计精神，注重理念的表达和情绪的塑造，将传统的中国东方文化融入西式简约的生活方式。

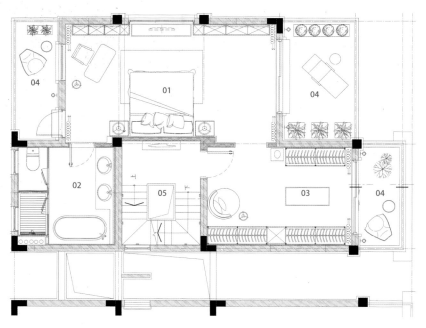

三层平面图
3rd Floor Plan

01 主卧

02 主卫

03 衣帽间

04 露台

05 楼梯间

载着四时交替的游痕。

楼梯扶手处的整块透明玻璃以1厘米金属不锈钢包边，展现极其精致独特的细节工艺。以扶手的几何感搭配圆环形装饰吊灯，这种抽象的艺术构造，仿佛不带有任何叙事，却在微妙之中动人心弦，引人联想。除却材质的特殊美感，还隐含着日月晨昏、海潮涨落的流转变换。

伴随着光影行进，层层叠叠，错落有致，这种空灵幽微的氛围不自觉吸引着观者前行，一探究竟。

书房凭借顶级石材粗犷而美丽的天然脉络与镜面、镀钛金属、布艺纹理，织就深刻动人的视觉印象，勾勒出时尚、前卫、艺术的想象张力。

卧室中最为重要的，不过是一榻安睡。主卧顶面、立面均可见客餐厅的手法，呈现沉静理智。对称的空间分割方式，与柔软舒适的床品呼应，表现出细腻的质感层次，于时尚别致中暗藏迷人细节。阳光缓缓渗入，温暖流淌。

用温柔的杏咖为主，佐以沉静的灰蓝，柔软的绒面沙发与来自窗外的光，勾勒出一幅岁月静好的画。等一个清晨阳光暖，春衫薄，煮一壶茶，感受诗酒年华。衣帽间简明合理的划分空间，兼具着现代感和实用性。

主卫的布置看似简单，实则将功能与美学转化为精致的细节，处处给人以时尚优雅的体验，重新展现纯粹、自然的生活之美。每一个旖旎夜里，一缸温水，一点烛火，一抹香，这就是生活的仪式感，时刻提醒着存在的意义。

迎合整个空间的低饱和度色，女儿房选用清浅的藕粉色作为主色调，轻软花枝，洋溢着南国的秀丽气息。墙壁上鲜丽的色彩和立体感的装饰挂件，留驻绚烂梦幻的童心时光。

老人房设计严谨而舒适，延续客厅的设计手法，严整的格局与平和的调性浑然一体，契合中国传统文艺崇尚的中和雅正之美。深色木饰面作为主背景，搭配银杏图案等极具东方韵味的软装布艺，别具风味、气质逼人，独特的张力吸引着更多的视线，营造出一种既古朴又高雅的空间氛围。

"水尝无华，相荡乃成涟漪；石本无火，相击乃成灵光。"传统元素与当代设计的激情碰撞，是一直无法抵抗的生活品质。

开放设计的负一层，充分描绘了主人的理想生活，是洗净凡尘世俗、回归生活本真的居住境界。古玩、字画、笔墨纸砚的书香气息萦绕一室，融合仿皮的坐墩，形成有趣融洽的材质比对与互补。空间静怡、谦和的气质，稍加点缀的金黄色，无形中也增添了一抹尊贵气息。

中国人向往返璞归真，从中式茶室设计中也可窥见一二。赋予物质空间以精神空间的意义，是中国人由器而道、载道于器的世界观与方法论的设计延伸。设计师将茶区打造成了一个休闲空间，承载以精神为诉求的价值观，据于道、游于艺，生活的闲适与生命通达在此融汇交集。

高敞的天井下，装置四个亮橙色艺术品，形成别样的背景，邻山而居，隐心于野。而书架，则以规整且开放式的收纳布置，既美观又端庄。

古调的红色，贯穿全案的宝石蓝点缀其上，干支、绿叶、花簇、茶具，营造出风雅怡然的品茶氛围。光与影随着时间错落交织，寥寥思绪在万籁俱寂的午后，一方茶席，几张座椅，在装饰细节上崇尚自然情趣，将空间、茶香、绿意与人融为一体，那便足够悠然于心，营造出一个简单而不失风雅的品茶情境。

汲取水能容纳百川的胸廓，将水之静谧的颜色融入方案之中，水波晕染的地毯、间隔错落的抱枕以及点缀期间的松针绿植，优雅而不纤弱。或深或浅层次不同的蓝，则自外而内导入，使室内的一切陈设仿佛彼此间与经典、华丽、摩登共鸣对话。

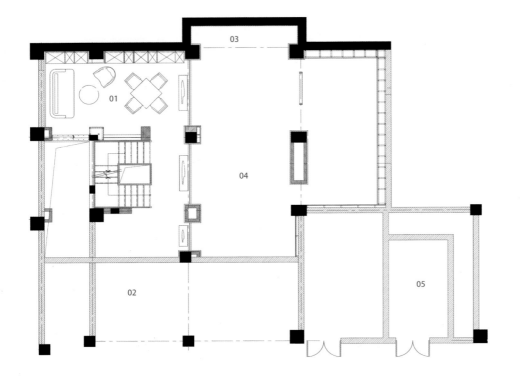

负一层平面图
B1 Floor Plan

01 男主人娱乐区
02 艺术品收藏展示区
03 采光井
04 挑空
05 排风机房

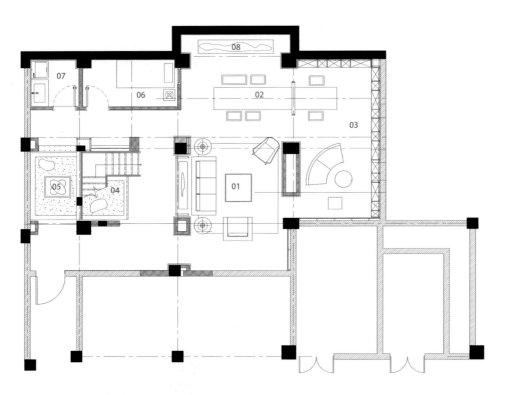

负二层平面图
B2 Floor Plan

01 起居室
02 品茶区
03 工作间
04 楼梯间
05 景观
06 保姆房
07 洗衣房
08 采光井

古典与现代的美学交融

设 计 师 / 王超、岳晓瑞

THE BEAUTY BLEND OF CLASSIC AND MODERN

项目名称 / 金科九曲河独院端户别墅

设计公司 / 北京纳沃佩思艺术设计有限公司

设计团队 / 李静、甄坤兵、王月香、文峰、滕畅、刘雪倩

项目地点 / 重庆

项目面积 / 655.45 m²

摄影师 / B+M Studio 彦铭

扫码查看电子书

设计理念
DESIGN CONCEPT

"我不喜欢各种标签式的称谓。对我而言，建筑就是建筑。没有什么现代建筑、后现代建筑、解构主义。如果你愿意，你可以使用你所有想用的主义称谓。但我不相信这些，它们如过眼云烟，而真正留存下来的那一个还是建筑本身——各个时代的建筑。"

——贝聿铭

设计师很喜欢贝聿铭先生的这段话，"我们不会去用一个固有的框架去定义设计，设计本应自由，设计师只想寻求最适合生活的方式去做设计"。因此本案打破了设计边界，只提取设计的精神内核，展现代舒适优雅的人居理念，成为设计师的设计初衷。

从古典到现代，从时尚到优雅，迎来一场低调奢华的美学风尚，融合出饱含着时尚悦动的空间灵魂。

○● 现代与古典的交融

进入客厅，宛如感受了现代与20世纪初巴黎艺术风格在此邂逅。黑白条纹与墨绿色的共舞，在重复、渐变的美学法则下，构成空间充满张力的对话。空间的历史感，通过现代时尚家具的演绎，从古典氛围中拉回现实，完美的过渡与融合展示出独具匠心的优雅格调。

墨绿色与灰色构成强烈的对比，通过香槟金的搭配，渲染上一层奢华情调。中式风格的壁画、做工精巧的餐具、金属线条的勾勒，碰撞出极具韵律感的视觉冲击，无不散发着奢华、雅致的空间气质。色调中金色点缀着灰色，整个空间沉稳又不乏时尚。细腻质感勾勒出的几何线条，沉溺在阳光的温度下，与几何装饰共舞，那是梦想照进现实的生机盎然。素雅空间带着浓重水墨色彩的几何，图案和肌理彰显出巨大的张力使得视线得以集聚。

地下空间展现出现代法式时尚而又不失优雅的奢华感。古典风格与现代时尚，在颜色和质感的微妙处理下，巧妙融合出具有灵魂的空间氛围。整体空间装饰线条的拉伸和组合，在次序和韵律节奏中，展示出别样的视觉和感官体验。花房是一份献给美的艺术品，也如同精致的饰品，洋溢着美丽。每一束花，每一副挂画，每一个饰品，都是内心的声音，温暖灵魂。

多元的设计灵感将时尚美学触感与奢华定制工艺化为旋律，时尚元素跳动着，汇聚成空间的象征符号，将设计的热情展现在每个细节上。

九曲河汲取中式与法式装饰元素，巧妙地运用在不同的细节中，通过不同的材质表现高贵、优雅的美感，注入思考和创作，是设计得以成形的基础。

图书在版编目（ＣＩＰ）数据

当代新中式 ： 以当代设计演绎中式人居 ／ 深圳视界
文化传播有限公司编． -- 北京 ： 中国林业出版社，
2019.9
　ISBN 978-7-5219-0270-9

　Ⅰ． ①当… Ⅱ． ①深… Ⅲ． ①住宅－室内装饰设计
Ⅳ． ① TU241

　中国版本图书馆 CIP 数据核字（2019）第 201516 号

编委会成员名单
策划制作：深圳视界文化传播有限公司（www.dvip-sz.com）
总 策 划：万　晶
编　　辑：杨珍琼
校　　对：徐萃　尹丽斯
翻　　译：马　靖
装帧设计：叶一斌
联系电话：0755-82834960

中国林业出版社 · 建筑分社
策　　划：纪　亮
责任编辑：陈　惠　王思源

出版：中国林业出版社
（100009 北京西城区德内大街刘海胡同 7 号）
http://www.forestry.gov.cn/lycb.html
电话： （010）8314 3518
发行：中国林业出版社
印刷：深圳市汇亿丰印刷科技有限公司
版次：2019 年 10 月第 1 版
印次：2019 年 10 月第 1 次
开本：235mm×335mm，1/16
印张：20
字数：300 千字
定价：428.00 元（USD 86.00）